马季 著
MaJi

遇见
内心强大的
自己

遇见全新的自己

YUJIAN
NEIXIN QIANGDA DE
ZIJI

内蒙古文化出版社

图书在版编目（CIP）数据

遇见内心强大的自己 / 马季著 . —呼伦贝尔：内蒙古文化
出版社 , 2017.9

ISBN 978-7-5521-1348-8

Ⅰ . ①遇… Ⅱ . ①马… Ⅲ . ①成功心理－通俗读物
Ⅳ . ① B848.4-49

中国版本图书馆 CIP 数据核字（2017）第 236066 号

遇见内心强大的自己

马季　著

总 策 划　丁永才　崔付建

责任编辑　王　春

特约校对　文　榀

出版发行　内蒙古文化出版社

　　　　　（呼伦贝尔市海拉尔区河东新春街 4 付 3 号）

印刷装订　三河市华东印刷有限公司

开　　本　880 毫米 ×1230 毫米　1/32

印　　张　10.5　字　数　260 千

版　　次　2017 年 9 月第 1 版

印　　次　2020 年 1 月第 2 次印刷

书　　号　ISBN 978-7-5521-1348-8

定　　价　38.00 元

前　言

《庄子》里有句"夏虫不可语于冰"，意思是说对于夏天的虫子，无论你怎样与它谈论冬天的冰雪，它也不会明白。同理，当我们总是责怪别人无法理解自己的时候，请静下心，各人有各人的思维方式，思维不同，很难一致，所以，我们也许就是彼此眼里的"夏虫"。对生活多一点耐心、信心与坚持，把未来掌握在自己的手中，不要总是半途而废。

为了梦想努力拼搏，回头再看，你会发现那些苦难，后来成为了你人生的财富。有得有失，才是人生，切忌愤愤不平。做人最忌无休止地自怨自艾，那样也会招人厌烦。爱自己，就如同朝阳升起。

人生没有绝对的公平，只有相对的公平，在一个天平上，你得到的越多，也必须比别人承受得更多。爱情很美好，但是，生活永远比爱情要长，而生活需要智慧。乐观，阳光，凡事往好处想。

温室中的花朵虽鲜艳夺目，却经不起风雨；茫茫大漠中矮小的灌木丛虽不起眼，却能适应恶劣的自然环境。科学家饲养的濒临灭绝的鱼在养料充足的环境中常常会死亡，因为它失去了本应具有的寻求生存的能力；而在水池中放入一条鲨鱼，又能让它们恢复旺盛的活力。所以，逆境并不可怕，逆境能让生命更坚韧顽强。

人生难免遇到挫折，成功之路从来不是平坦大道。恐惧、悲观、抱怨、借口、拖延……这些都牵绊着我们前行的脚步，妄图使我们失去自信，停下脚步，放弃追寻梦想。甚至，一些失败的经历也会让人陷入过去的阴影中，彻底放弃自己的梦想。

其实，很多时候限制我们的不是外在的环境，而是我们的心态。在面对界限或限制时，你是否不愿低头？你是否以乐观肯定的态度，对待种种限制？你是否敢于向自己挑战，以积极的方式激励自己找出突破限制的办法？成功学里有两句话叫"你是想要，还是一定要！""只要你一定要，就一定有办法救自己！"因为，人的潜力是无限的。

本书就是想和读者朋友共同整理一下自己的内心世界，去除那些不知不觉留在自己内心的阴暗，使心灵充满阳光，以积极应对未来人生道路上的限制，搬掉阻碍实现成功人生的绊脚石。

智慧隽永的故事里面蕴涵着质朴的良方。这些精妙良策，犹如一汪清泉静静地流淌，涤荡心灵的尘埃，让依然有梦的心灵重新焕发出无限的活力和生机。

然后，当你的内心真的变强大的那一天，带着微笑上路吧。

第一篇　心态决定成败

第二篇　充分利用自己的弱点

第五篇 不要为梦想设限

第六篇 停止抱怨和拖延，立即行动

第七篇　你的潜力无限

第八篇　不放弃，就会有奇迹

第一篇　心态决定成败

今天是最好的

我们知道，时间是一条无始无终的长河。在这条长河中，只有"今天"是属于自己的，"今天"至少提供了 16 个小时以上清醒的时间给我们，因此"今天"充满了机遇、喜悦、趣味和成功的可能。

一般情况下，有积极态度的人往往能有好的结果，这是由于他们总是专注于"今天"的无穷价值，而不是沉湎于对昨天的悔恨和对未来的担忧中。一个人的心态变化是微妙的，却发挥着非常巨大的作用。

很久以前，一位著名的哲学家到一处贫瘠的乡村调查那里贫穷的原因。他发现那里的人们非常勤劳，也非常聪明，却过着极端贫困的生活。他感到非常奇怪。经过长期的接触，他终于发现，当地人一直生活在对未来的恐惧之中，他们将所有创造的财富囤积在那儿，不敢动用，为的是防备"急时所需"。于是，他将人们引到了一座山的山顶上，说出了一段也许是有史以来被引用得最多的名言。

这段话仅 30 个字，却世世代代流传下来："不要为明天忧虑，因为明天自有明天的忧虑，一天的难处一天受就足够了。"

很多人都不相信"不要为明天忧虑"，他们把它当作一种多余的忠告，他们说："我一定要为明天忧虑，我要为我的家庭着想，我得存些钱为我将来用……"

是的，这一切都必须做——我们需要为明天着想、计划和准备，但是我们并不需要为明天担忧。

古罗马诗人何瑞斯曾写过这样一首诗：

这个人很快乐，也只有他才能快乐，

因为他能把今天，称之为自己的一天。

他在今天能感到安全，能够说：

无论明天会怎样糟糕，我已经过了今天。

"今天"对一个生命个体的重要性不言而喻。因为"今天"并不是一个固定不变的日子，"今天"之后，接下去的每一天都是新的"今天"，保持乐观的心态，创造性地度过这美好的一天，是使生活变得美好的根本原因。如果计算一下，我们就会发现，时间是最不能等待的一样东西，就是今天。一个人就算活到 80 岁，也不过只有 29200 天而已。每一天都是被叫做"你的时间"的实物。它是属于你的，但转瞬即逝。

有这样一个故事，发生在朝鲜战争时期的韩国。时间是下午 1 点，气温是零下 18℃。因为太冷了，没有戴手套的手指碰到金属就会粘在上面。一个高大粗壮的美国士兵靠在油箱上，用小刀挑开黄豆罐头吃着。

一名新闻记者在旁边看到了，想起最近即将发生一场大规模的战役，于是向他提出了一个哲学问题："如果我是能成全你任何愿望的上帝，你的愿望是什么呢？"那名士兵一边用小刀剔出黄豆，一边回答说："我想要'今天'。"是啊，对一个身处战争之中的战士来讲，"未来"只是一个空洞的名词。这样的回答其实可以延伸到我们日常生活当中。平时，我们每个人都在向自己的目标不断地努力，途中一定有各种各样的厄运、失败、困难等在那儿，要实现自己的梦想是困难重重的。像那位士兵，他面对的是生与死的考验，根本来不及思索，而是凭借直觉说出了肺腑之言。其实人终归是要面临死亡的，只不过方式不一样、心理承受的程度各异而已。这样说起来，人生走向自我目标的唯一方法，就是抓紧"今天"。

　　曾有人说过一则故事：一位老人在黎明时沿着海滨向前行，他的关节僵硬而疼痛，他因为最近丧失爱妻而心情低落，对未来不抱任何希望。老人注意到前面有个小男孩弯身捡拾海星，一一把它们掷回海中，于是老人赶上这个男孩，问他为什么这样做。男孩说："如果海星陷在沙滩上，等太阳升起，就会干死。"

　　"但是海岸这么长，有成千上万只海星，你这样做对它们有什么差别呢？"老人说道。

　　孩子看着他手中拿着的海星，接着把它安全地放回水里："对这只就有差别。"

　　这段对话启发了老人，他立即弯身和小男孩一起行动起来，他心中明白，要摆脱哀伤、痛苦和无望，唯一的方法就是让今天活得更有意义。

　　以积极的心态热爱人生，快乐地度过每一天，全心全意地投入每一天。这不是口号，而应该是行动，它应该渗透在我们点点滴滴的生活琐事当中。

人生箴言

不因昨日的成功而满足，不因昨日的失败而沮丧，忘却昨日的一切，是好是坏，都让它随风而去。要信心百倍，迎接新的太阳，相信"今天是此生最好的一天"。

你渴望成功，就能成功

我们都有过某些失败的教训，那的确使人感到懊丧和痛苦，但在陷入困境时，心态是最重要的一样东西。因为心态和行为是紧密相连的：积极的心态导致积极的思维和行为，而积极的思维和行为又反过来强化积极的心态。

有一个法国人，他认为自己简直倒霉透了：离婚、破产、失业……42岁了还一事无成，他不知道自己的生存价值和人生的意义。他对自己非常不满，变得古怪、易怒，同时又十分脆弱。

有一天，一个吉普赛人在街头算命，他便想看看自己命运到底如何。吉普赛人看过他的手相之后，说："您是一个伟人，您很了不起！"

"什么？"他大吃一惊，"我是个伟人，你不是在开玩笑吧？！"

吉普赛人平静地说："您知道您是谁吗？"

"我是谁？"他沮丧地想，"我是个倒霉鬼，我是个穷光蛋，我是个被生活抛弃的人！"但他仍然期待地问："我是谁呢？"

"您是个伟人，"吉普赛人说，"您知道吗，您是拿破仑转世！您身上流的血，您的勇气和智慧，都是拿破仑的啊！先生，难道您真的没有发觉，您的相貌很像拿破仑吗？"

"不会吧……"他迟疑地说，"我离婚了……我破产了……我失业了……我几乎无家可归了……"

"嗨，那是您的过去，"吉普赛人只好说，"您的未来可不得了！如果先生您不相信，就不用给钱好了。不过，5 年后，您将是法国最成功的人！因为您就是拿破仑的化身！"

他虽然极不相信，但心里却有了一种从未有过的伟大感觉。他对拿破仑产生了浓厚的兴趣。回家后，就想方设法找来一切与拿破仑有关的书籍学习。

渐渐地，他发现周围的环境开始改变了，朋友、家人、同事、老板，都换了另一种眼光、另一种表情对他。事情开始顺利起来。13 年后，在他 55 岁的时候，他成了亿万富翁，法国企业界赫赫有名的成功人士。

后来他才领悟到，其实一切都没有变，改变的是自己。他的胆魄、思维模式都在模仿拿破仑，就连走路、说话都像极了拿破仑。他由一个自甘沉沦的人变成了一个充满自信、积极向上的人。而这，才是他成功的真正原因。所谓他是拿破仑转世的说法，只不过是吉普赛人哄他给钱的噱头而已。然而吉普赛人的一通无心之语，却唤醒了他沉睡的自我。

类似的故事简直多得不胜枚举，当然也有很多反面的例子。足见一个人的心态在某些关键时刻对人的影响是多么重大。

另外也有许多这样的人，他们有娴熟的做事技巧，能力不比任何人差，缺少的只是全力以赴的决心和毅力，以至于老之将至而一事无成。这类人若要成功，还必须要有一种渴望成功的欲望才行。

有一个年轻人急于想知道成功的秘诀，于是他向一位人人尊敬的智者请教。智者听完问题后一言不发，径直向前走去。年轻人急忙跟随在旁，追问说："别人都称您为智者，您一定知道成功的秘诀，请指点我吧！"智者还是不发一言地向前走，一步步地走进水池里去了。年轻人眼见智者和自己已经水深及腰，但智者仍然不说话，觉得非常奇怪，可是仍一直等待智者给他答案。突然，智者在水深及二人的胸部时，一下将他的头按入水中，年轻人被这突如其来的举动吓蒙了，因为无法呼吸而拼命挣扎。约一分钟之后智者放了手，年轻人赶紧浮出水面，猛力地吸一口气，他觉得这一口气是人生中最珍贵的一口气，是让他重返人间的一口气！

智者在他平静之后，告诉他说："什么时候你渴望成功，像你刚才渴望吸一口气一样，你就离成功不远了！"

这个故事不由得让人想起了"置之死地而后生"这句话，的确，如果渴望成功能像溺水者渴望呼吸一样，还有什么束缚不能征服呢？

遇见内心强大的自己

人生箴言

在任何困难面前都不要裹足不前，要相信总有一条路是属于自己的。只有抱着渴望成功的心态，你才能全力以赴地去征服束缚和障碍，获得成功。

打败你的不是别人，是自己

在开发美洲的时候，有一群印第安人被白人追赶，逃到了一个荒凉无比的地方。追兵虽然没有跟上来，但他们的生存处境却十分危险。由于情况危急，酋长召集所有族人谈话。他说："有些事我必须告知大家，我们的处境看起来很不妙，我这里有一个好消息，也有一个坏消息。"

族人中间立刻引起了一阵骚动。酋长说："首先我要告诉你们坏消息。"所有的人都紧张地站着，等待着酋长的话，他说："除了水牛的饲料以外，我们已经没有什么东西可吃了。"

大家顿时陷入惶恐之中，你一言我一语地谈论起来，到处发出"可怕啊""我们可怎么办"的声音。灾难似乎即将降临。

突然一个勇敢的人发问了："那么好消息又是什么呢？"

酋长回答："那就是我们有很多种制造水牛饲料的办法。"

族人中间立刻发出了一阵欢呼。他们觉得有救了。事情的一正一反就是这么简单。

显然，这是一个智慧而乐观的酋长，因为他在面临死亡的困境中依然保持着泰然豁达的心境，他所看到的不是死的恐惧，而是生的希望。一个在厄运面前不会绝望的人，注定是一个永远不会被打垮的人。

世界上的人虽然千奇百怪，但大致可以分为两种，一种是积极乐观的人，一种是低调悲观的人。这两种人最初的机遇是相等的，但乐观的人总是看到成功的一面，而悲观的人却常常记挂着自己的失败。久而久之，他们便会对同一件事产生不同的看法和观点，甚至表现出截然相反的态度。结果，两种人的境遇就会大相径庭。

老张老李二人，前者悲观，后者乐观。一天，他们在一家餐馆吃饭，两人要的是同样的饭菜，而且都是先吃自己最喜欢吃的。结果，老张越吃越悲观，而老李越吃越高兴，为什么呢？老李说："我先吃自己喜欢吃的，而每次吃的，均是我最喜欢吃的，所以越吃越爱吃。"老张说："我也是先吃自己最喜欢吃的，因为我将喜欢吃的先吃了，剩下的均是我不爱吃的，所以觉得越来越不好吃。"过了一天，老张和老李又在同一地方吃相同的饭菜，两人都先吃自己不喜欢吃的，结果，老李还是越吃越爱吃，而老张还是越吃越不爱吃。老李说："我将不好吃的先吃了，剩下的当然是我爱吃的，所以就越吃越爱吃。"老张说："我每次吃的都是我不喜欢吃的，当然越吃越不爱吃。"

我们可以分析一下这两种人的处世方法。乐观的人认为，没有人真的晓得将来会发生什么，所以宁愿乐观一点，凡事往好的方面想，因此比较愉快、比较快乐。而悲观的人爱吹毛求疵，爱挑剔，没有伤

遇见内心强大的自己

疤也要想出伤疤来证明人生的痛苦，他们的精力就会大量地被浪费掉。于是，乐观的人享受更多的快乐，悲观的人经历更多的失望，就不足为奇了。理由很简单：一个在努力期盼成功，另一个在不断自找失败。

看看历史上的成功者和失败者，我们就会发现，很少有一帆风顺、没有经历过挫折的成功者，但正是由于他们坚信自己能够成功，才坚持到了最后；大多数失败者，最后并不是败给困境，而是败给了自己的悲观。

人生箴言

悲观的人先被自己打败，然后再被生活打败；乐观的人先战胜自己，然后再战胜生活。

没有绝望的处境，只有绝望的人

人活在世上，通常并不能随心所欲地选择自己期望的环境，因此常常会遇到阻碍自己工作、生活等顺利发展的各种束缚。甚至，这些束缚让你常常觉得自己似乎陷入了"山重水复疑无路"的绝境之中。但事情究竟是向好的还是坏的方向发展，则取决于你如何对环境做出反应，取决于你的态度和勇气。无论环境怎样变化，都不会剥夺你选择反应的态度。

一个农夫有一头老驴子。一天，这头老驴不小心掉进了一个枯井里，农夫看着它，心想，把它弄上来不容易，再说这头老驴也派不上什么用场了，不如把井填平，也把驴子埋了。于是，农夫叫来邻居，填土埋驴。但这时候，驴子面对迎面而来的困境，没有听天由命地放弃抗争，而是忍痛一次次把身上的土抖掉，然后站到土上面。这样，随着井被填满土，老驴也在不断地上升，最后终于爬出了枯井。

一头病弱的老驴尚且能够如此坚强，人在逆境中就更不应该轻言放弃。一个身处绝境的人，还有生的希望，而一个对处境感到绝望的人，别人是救不了他的。作家柏杨说过："生命的本质原本就是苦多于乐，每个人都在成功、失败、欢乐、忧伤中反反复复，只要心中常抱持爱心、美感与理想，挫折反而是使人向上的动力，甚至会成为一种救赎的力量。"

　　韩国大实业家刘昌勋的创业史，就是对柏杨观点的最好诠释。中学时，父母常常因为凑不齐刘昌勋的学费而唉声叹气。于是，他横下一条心，中学没读完就辍学开始经商，以减轻家里的负担，让弟弟能完成学业，那年他才16岁。

　　身无分文，干什么好呢？刘昌勋的一个邻居经营药材，每月有几百元的利润。这在当时是一个叫人眼红的数目。他抱着试一试的心理，借钱买进了20元的板蓝根，背到集市上去销售，结果当天全部脱手，赚了20元。

　　20元，对当时的刘昌勋来说，这可是一个不菲的数目。第二天，他将40元全投进去，两天之内顺利脱手，又赚了30多元。两个月下来，连本带利，他手上已经有了500元。

　　但任何事业都不是一帆风顺的。他叔叔在前线牺牲了，家里得到了3000元的抚恤金。父亲一直把这笔钱存在银行里，无论家庭如何困难，都不打算动用它。初试牛刀的刘昌勋尝到了甜头，胆子不禁大了起来。经他反复动员，父亲终于同意把那笔钱从银行里取出来，交给他投入生意。银行里那笔钱连本带息，加上他那500元，凑成了4000元。刘昌勋决定放手一搏，他一次性买入了一大批药材。正当他踌躇满志准备大干一场的时候，遇到了几乎没顶的灾难。一天，一位顾客仔细辨认他的药材后，对他说："你小小的年纪，却大大的狡诈，学会了瞒天过海。"他委屈地申辩，眼泪直掉。这个顾客见他不像个老奸巨猾的商人，才告诉他，这批药材是榨过汁的，现在只是一堆干柴，没多少药性了。

他傻了。他的本金大部分是叔叔的生命换来的，一堆干柴便把它全部骗走了。他的第一个反应是找供货商算账。可是这个骗子打一枪换一个地方，根本找不着了。他的第二个反应是赶快把这堆干柴糊弄出手，只要不亏本就行。正在他犹豫不决之际，一位老人看中了他的"药材"，与他谈妥了价钱，准备全部买走。但在老人数钱的时候，他看到老人松树皮一样的手和沟壑一样的满脸皱纹，想到老人这么一把年纪，一旦发现被骗，如何承受这样沉重的打击，自己这样骗他不等于是要他的命吗？刘昌勋心一横，把这些干柴全部烧了。

这次失败并没有使刘昌勋萎靡不振，他觉得自己还年轻，还有机会从头再来。但他也就此总结了经验教训，继续奋斗，终于获得成功，跻身于韩国富豪行列。功成名就的刘昌勋告诫后辈说："做人有九死一生，作文有九转金丹，做事往往遭遇九次失败才有一次成功。"

人生箴言

生活在黑暗中而不被黑暗所侵蚀，崇尚生命而不被生命所束缚，相信命运而不被命运所主宰。永远不要向命运低头，不要对生活绝望，不要让悲观和绝望窒息我们的心灵。

快乐就在身边

　　人们常说"心病是万病之首"，这是有科学道理的。曾经有位善于诊治各种疑难杂症的中医老专家义诊，一个少妇去排队求诊。她向老专家诉说自己的病情：已经多日茶饭不思，夜里失眠，身体乏力，日渐消瘦……

　　老专家给她切过脉，观过舌象，便肯定地说："你只是心中有太多的苦恼事，体有虚火，并无大病。"少妇听了如遇知音，于是便倾诉心中的种种烦恼：炒股赔了一笔钱，悔不当初；丈夫前不久开了一家个体商店，生意并不兴隆；公公婆婆年迈体弱，需要她经常去帮助料理家务；近日又和亲属发生了一些矛盾……

　　老专家仔细地听过之后，问起她的另外一些情况："丈夫对你的感情如何？"少妇脸上有了笑容说："他很疼爱我，对我关怀备至。"老专家又问："孩子呢？"少妇眼里闪出亮光说："儿子很聪明伶俐，学习成绩好，也很懂事。"老专家再问："你呢？做些别的事情吗？"少妇连忙点头说："我搞服装设计和加工制作，每年都有一些产品出口，去年，我入股的这家服装厂还被评为明星企业……"

老专家一边问一边用笔写，然后把写满字的两张纸放到少妇面前：一张纸上面写着她的苦恼事，另一张纸上面写着她的快乐事。老专家对少妇说："你的病已经诊断好，这两张纸就是治病的药方。你把苦恼事看得太重了，忽视了身边的快乐。"说着，老专家让学生取来一盆水、一只猪苦胆，把胆汁滴入水盆中，那浓绿色的胆汁在水中淡开，很快便见不到踪影。老专家说："看见了吧，胆汁入水，味则变淡，人生岂不如此？"少妇顿悟。

这个故事说明，在日常生活中，我们通常缺乏承受痛苦的能力，面对痛苦时视线变得单一，只看到痛苦而忽视了快乐，不善于用快乐之水冲淡苦味，因此容易陷入痛苦而不能自拔。

早出晚归，

南来北往，

好日子就这样平平常常。

柜台里，

商家日清月结；

田野上，

农民秋收冬藏。

晓日升，

银鹰划破天光；

夕阳斜，

铁马犁开沃壤。

没有战争，

没有饥荒，

好日子只求平平常常。

如果一个人具有诗中这种平和豁达的心态，那他的一生肯定是快乐的。在现实生活中，心胸开朗，充满信心，快乐便无处不在、无时不有。

但说起来容易，要真正做到却不那么简单。如果没有对生活的领悟，就很难举一反三、由此及彼。

曾经有一个商人坐在一个小渔村的码头上，看着一个渔夫划着一艘小船靠岸，小船上有好几尾大黄鳍鲔鱼。商人对渔夫能抓到这么高档的鱼恭维了一番，问他要多长时间才能抓这么多鱼？

渔夫说："才一会儿工夫就抓到了。"商人再问："你为什么不待久一点，好多抓一些鱼。"渔夫不以为然："这些鱼已经足够我一家人一天生活所需啦。"商人又问："那么你一天中剩下的那么多时间都在干什么？"

渔夫解释："我呀？我每天睡到自然醒，出海抓几条鱼，回来后跟孩子们玩儿一玩儿，再睡个午觉，黄昏时晃到村子里喝点小酒，跟哥们儿玩玩吉他，我的日子可过得充实又忙碌呢。"

商人不以为然，帮他出主意说："我是美国哈佛大学企管硕士，我倒是可以帮你忙！你应该每天多花一些时间去抓鱼，然后把它们拿到集市上去卖了，到时候你就有钱去买条大一点的船。自然你就可以抓更多的鱼，再买更多的渔船。然后你就可以拥有一个渔船队。到时候你就不必把鱼卖给鱼贩子，而是直接卖给加工厂。或者你可以自己开一家罐头工厂。如此你就可以控制整个生产、加工处理和营销。然后你可以离开这个小渔村，搬到大城市，在那里经营你不断扩充的企业。"

渔夫问："这要花多少时间呢？"

商人回答："差不多 15 到 20 年吧。"

渔夫问："然后呢？"

商人大笑着说："然后你就可以在家当老大啦！时机一到，马上宣布股票上市，把你的公司股份卖给投资大众。到时候你就发啦！你可以几亿几亿地赚！"

渔夫问："然后呢？"

商人说："到那个时候你就可以退休啦！你可以搬到海边的小渔村去住。每天睡到自然醒，出海随便抓几条鱼，跟孩子们玩儿一玩儿，再睡个午觉，黄昏时晃到村子里喝点小酒，跟哥们儿玩玩儿吉他啰！"

渔夫说："我现在不就过着这样的日子吗？干吗要等到 20 年以后呢？"

商人愣在那儿不知说什么好了。其实商人和渔夫理解的快乐是不一样的。商人的快乐是建立在物质的基础上，渔夫的快乐则是一种心境，跟财富、地位无关。我们并不反对物质给人带来的快乐，但是当你不具有物质的时候，应该同样感到快乐才对，否则人就成了物质的奴隶。所以，不管是富有还是贫穷，是顺境还是逆境，我们决不应该放过身边的快乐，而是要用心去感受生活带给我们的点滴之恩。

痛苦和快乐是双胞胎，在我们叹息或者流泪时，快乐其实就在身旁冲我们点头微笑。不要总是低着你的头颅，昂起头来，快乐有时候要用我们的智慧去发现。

对必然的事，轻快地接受

印第安人相信，人生当中失望、悲哀、挫折和伤害等"仇敌"是神圣的，因为它们可以让你更加坚强。

这和我们通常说的"失败是成功之母"是一个道理。过去所发生的种种不幸将锻炼你坚强的性格，教会你如何在未来获取成功。但你必须有足够的勇气放下过去，正视它们对你的负面影响，宽宥它们，才能获得新的力量。在那时，且唯有那时，你才能跟随你的生命迈向下一步，因为那时你见到了这些艰难险阻带给你的善。

自然主义者梭罗在瓦尔登湖畔的一个雨天，以自己的亲身体验描述了他所见到的这样的善。他在《瓦尔登湖》中写道："浇灌我的豆子，且让我待在家里的这场细雨，并不凄凉忧郁，反而对我有益。虽然我因此无法锄地，但它带来的远比我锄地还多。如果这场细雨持续不断，让种子烂在地下……对高坡的草依然有其益处，而对草有益，对我也有益。"

已经发生的错误、不可避免要发生的事、我们自身与生俱来的缺陷等等，这些都是很正常的人生遭遇，必须用正常的心态去面对它，我们方能从中解脱出来，获得心灵的自由。在纽约市中心办公大楼里有一个开货梯的人，与别人不同的是，他的左手被齐腕砍断了。一天，有人问他少了那只手会不会觉得难过，他说："不会，我根本就不会想到它。只有在要穿针引线的时候，才会想起这件事情来。"

我们都知道，当我们坐在舒适的汽车里、高速行驶在平坦的公路上时，轮胎是汽车安全地高速行驶的保证。其实，轮胎发展到今天，经历了一个漫长的过程，而朴素的人生道理也蕴含在其中：古代的路以砖石铺成，硬而且不平，很多人认为，若想缓解路上的颠簸，最好的方法是设计出比路更硬的车轮，这样才能经受住这种撞击。但是结果并不乐观，越是硬的轮胎，寿命越短，在路上跑不了几天就成了碎片，车上的人更是大受其害。后来有人设想，如果设计一种轮胎，能够吸收道路的反作用力，避免硬碰硬，那样情况说不定就会好得多。在这种设想的指导下，人们发明了胶性轮胎。果然，这种能够"接受一切"的轮胎，使车子在行驶中稳定了许多，轮胎也比原来的更耐用。先是硬胶轮，后是软胶轮，最后是充气胶轮，就这样一步步发展到了今天。

在我们的日常生活中，经常会遇到相似的情况。对于人生道路上碰到的障碍和颠簸，我们总是试图去弥补，固执地抗拒问题的出现。如果处理方式不当，这些问题反而会越弄越复杂，就像脸上的青春痘一样，越挤越显眼。对此，位于荷兰首都阿姆斯特丹一座建于 15 世纪的教堂废墟上刻的一行字堪称经典："事情是这样，就不会是别的样子。"

"对必然的事，姑且轻快地接受。"这是公元前 399 年一位哲人早就为我们找到的答案。

道理虽然是如此简单，但是太多的人喜欢和无法避免的事情抗争。不仅如此，更糟糕的是，当他们抗拒不了的时候，往往就陷入无休止的烦恼和忧虑。

如果我们换一种思维，坦然地接受不可避免的事情，就会发现事情并没有像我们忧虑的那样糟糕；相反，我们甚至会发现那可爱的小雀斑会让我们的脸看起来更生动呢。

有一个中年女人，被查出罹患食道癌时已经到了晚期，需要及时手术。和一般病人不一样的是，她在即将进手术室时依然保持着平时的娴静从容，甚至仔仔细细地给自己化了淡妆。她说："既然手术是无法避免的，我害怕又有什么用呢？既然医生允许我化妆，我为什么不让别人看到我的美丽呢？"被护士推进手术室时，她笑着对大家说："等着我，一会儿就回来了。"就好像她不过是出一趟门那样平常。

而另一位正值妙龄的女性朋友，因为脸上有青春痘，就觉得自己奇丑无比，为了祛痘，又是美容，又是吃药。因为顾忌脸上的痘，和异性约会时也总是手捂着半个脸，结果本来人家并未在意，因为她的举动，反倒觉得那痘刺眼了。

显然，环境本身并不能使我们快乐或不快乐，是我们自己对周围环境的反应决定了我们的感受。因此，要乐于接受必然发生的情况，接受所发生的事实，这是克服随之而来的任何不幸的第一步。唯有学习坦然面对失败和痛苦才能拥有真正的幸福，让生命中无可避免的困境、失败、障碍、疾病与痛苦都转变成创造成功、奇迹与完美的力量。

　　中国古代有两位非常杰出的君主：尧和舜。当时，贤明的尧已担任部落首领几十年，准备退下来，想找个接班人。于是，聪明能干的舜成为被选拔的对象。舜有个后母所生的弟弟象，几次挑唆父亲和后母加害舜，舜一点不记仇，仍然孝顺父亲、爱护弟弟。舜和气谦让，人们都很乐意与他和睦相处，他居住的地方也就由偏僻的乡村变成了热闹的城镇。尧赏给舜一架名贵的琴、许多衣料，又为舜修建了粮仓。象看见舜家境富裕，十分妒忌，多次想加害他，舜仍然像原来一样对弟弟十分友好。尧经过考察认为舜品德高尚，又有才能，便把部落首领的位置让给了舜。这就是历史上有名的"尧舜禅让"。

　　舜能够坦然面对即将发生的一切、面对任何人对自己的任何态度，保持自己的真诚与善良，也正是因为他做到了这些，才获得了人们的爱戴和至上的权力。

　　对于我们来讲，舜最值得效法的是他心理上的抗干扰能力，以及冷静地应对世间的千变万化的人生态度。"任凭风浪起，稳坐钓鱼台"。这"台"，就是宁静的心灵。

　　人生的事，没有十全十美。马斯洛曾说："心若改变，你的态度跟着改变；态度改变，你的习惯跟着改变；习惯改变，你的性格跟着改变；性格改变，你的人生跟着改变。在顺境中感恩，在逆境中依旧心存喜乐，认真地活在当下。"

人生箴言

　　"对必然之事，轻快地加以承受。"在这个充满竞争的世界，今天的你比以往更需要这句话。

跌倒了没什么，爬起来

一名高三学生，家境优越，从小受宠，平时成绩名列前茅，是三好学生。参加高考后，她觉得自己考砸了，不会被心仪的学校录取，天天坐卧不安。想到落榜后人们的白眼和责备，她再也忍受不了，选择了悬梁自尽的绝路。而令人惋惜的是，第二天高考成绩公布了，她的成绩超过大学录取分数线 7 分！结果并不像她想象的那么不可救药。

管理学上有一个著名的理论叫木桶理论，该理论认为，一个木桶的盛水量不取决于最长的那块板，而取决于最短的那块板。那个轻生的女生，她的智力像木桶上最长的那块板，而她适应社会的心理承受能力，却像那木桶上最短的一块板。面对高考，她没有输在智力上，而是输在心理承受能力上。

当你跌倒的时候，你有没有尝试过这样想一想："这没有什么！既然跌倒了，我何不借此品尝一下跌倒了自己爬起来的滋味呢？这也许是我得以锻炼的机会，我肯定会再去体会成功的喜悦！"于是，你会爬起来，查找一下让自己跌倒的原因，然后总结经验教训，继续前行。至于别人怎么议论你，那是别人的事，你不必去管，笑笑就行了。

克里蒙·史东是联合保险公司的董事长，自幼丧父的他因为体恤母亲的辛苦持家，从小便通过打零工来贴补家用。有一回，他走进一家餐馆准备叫卖报纸时，被餐馆的老板赶了出来。然而，他一点也不想放弃，他趁着餐馆老板不注意的时候，又偷偷地溜了进去。只是，他的脚才刚踏进去，餐馆老板就发现他了，气得狠狠地给了史东一脚。被踢了一脚的史东，只轻轻地揉了揉屁股，便又拿起手中的报纸，再次溜进餐馆中。在场的客人们看到这个小男孩勇气十足，纷纷为他说情，劝老板不如给他行个方便。于是，小史东虽然屁股被踢得很痛，却也在口袋里装满了钱。

中学时期，史东开始投身保险业，刚开始时，他所遇到的困难和当年卖报纸时的一样。然而，他安慰自己说："反正做了也不会有什么损失，进一步评估后发现成功的机会又那么大，那就继续做下去吧！而且要马上行动！"于是，他鼓起了勇气，再次走进了刚刚走出来的大楼，这次他没有被踢出来，还顺利地走进了一间又一间的办公室。那天，有两个人向他买了保险，就推销数量来说，这样的成绩算是失败的了，不过，对史东个人来说，总算是有所收获，因为在这个过程中，他也发现了自己身上存在的问题。

第二天，他卖出了四份保险；接下来的第三天，他则卖出了六份……

20岁那年，史东创立了一家个人保险经纪公司。开业的第一天，他就在繁华的大街上卖出了第一份个人保险。接下来，他不断地突破自己的纪录，曾创下每四分钟成交一份保险的奇迹。

"跌倒时不要哭泣，再站起来，你就会看见你的机会！"这是史东面对困难时所采取的人生态度，也是他要告诉我们的成功诀窍。

人生其实就是不断跌倒不断爬起的过程。看看孩子学习走路的过程吧，哪一个孩子不经历无数次的跌倒？但孩子没有因为害怕跌倒而不去学走路，而是在一次次跌倒后积蓄了力量，掌握了平衡，从而学会了平稳地走路，直至健步如飞。正如马克思所说："人要学会走路，也得学会摔跤，而且只有经过摔跤，他才能学会走路。"

所以，跌倒了没什么，轻松地对自己说"拍拍屁股就好，这不过是小事一桩"。只要爬起来，就有成功的希望。我们没有太多的时间可以停滞、浪费，挫折就像阻挡前进的风浪，迎向它，我们才有乘风破浪的机会。

人生箴言

不必在乎第一跤跌得有多惨，再给自己一次机会，你将发现自己的实力原来比想象的要强得多。

不要被恐惧主宰

有许多实例证明，在困难面前，人们常常并不是被事实吓倒，而是被自己内心的恐惧吓倒。心理阴影是成就事业者最大的敌人。

有位徒步旅行者在一场暴风雪中迷失了方向，幸运的是，他走到了一个小村庄。村民把他带到家里，给他食物吃，让他取暖。村民告诉他，从他刚刚走来的方向看，他刚走过一个湖泊，湖面上结了薄冰。湖泊绵延几里，他每走一步都可能掉进裂开的冰洞中而被淹死。旅行者听了村民的话后，竟吓得心脏病突发而死。

可见，恐惧的力量有多么巨大，它可以让人感到无助，丧失所有的力量。一个人的恐惧心理，往往比来自外部的压力更为致命。

《不带钱去旅行》的作者麦克·英泰尔原本只是个平凡的上班族，在他37岁那年的一天，他问了自己一个问题："如果有人通知我，今天就要死了，我会不会后悔？"停顿了一会儿，英泰尔肯定地说："会！"

面对一直以来平顺的日子，他发现，他的生活中从来没有激起过丁点儿火花，甚至连一场小赌注都玩不起。继续回想这 30 多年的时光，他又发现，因为个性懦弱，即使有机会做自己想做的事，他也因为"害怕"两个字而一再退缩。

不断地回想、反省之后，他懊恼地对自己说："什么都怕，活着能干什么？什么都听别人的，活着有什么意义？"当他强烈质疑自己的存在价值时，忽然鼓起勇气下定决心："我一定要突破这一切！"

于是，他作了一项疯狂的决定。他放弃了收入丰厚的记者工作，并将身上仅有的 3 美元捐给街角的流浪汉，然后，只带了干净的内衣裤，从阳光明媚的加州出发，准备以搭便车的方式走遍整个美国。而这趟旅程的目的地，则是美国东岸北卡罗来纳州的恐怖角。

一个什么事都担心、害怕的人，要独自去传说中的恐怖角，确实需要很大的勇气与决心，特别是当亲友们还语带恐吓与嘲讽地说："你确定自己行吗？这一路你恐怕会遇到各种麻烦，你一定很快就会退缩的。""不会的！"英泰尔坚定地对亲友们说，也借此向自己作出了保证。

凭着一个冲动的决心和一份坚强的毅力，从来没有独立完成过一件事的英泰尔，真的成功了。他仰赖 82 位从小到大最害怕面对的人——陌生人，完成了 4000 多英里的路程，终于抵达了目的地。

一毛钱也没有花的英泰尔，在成功抵达目的地时，立即对着那些等待他的人们说："我不是要证明金钱无用，这项挑战最重要的意义是我终于克服了心理上的恐惧！"

望着"恐怖角"的路标，英泰尔若有所思地说："原来恐怖角一点也不恐怖，这就像我的恐惧一样，现在我终于明白了，过去实在太胆小怕事了。"

就像英泰尔曾经有过的担心和害怕一样，我们是否也在心里有一块自己的"恐怖角"呢？

我们都希望梦想能够实现，更希望能拥有精彩的人生，然而，当我们准备迈出步伐时，难免会像英泰尔曾有过的岁月一样犹豫不决："万一失败了怎么办？万一出现问题，要怎么解决？"

步伐还没有迈出去，心中就开始想象跌倒时的姿势，没有任何事比这种无中生有的"对恐惧的恐惧"更愚蠢的了。

别再给自己那么多的恐吓，唯有亲自体验，你才会明白英泰尔的体会："原来，一切不是我想象中的那样困难。"

美国总统罗斯福说："我们唯一需要恐惧的事情，就是恐惧本身。"当你恐惧时，别忘了提醒自己这句话。它会让你驱散心头的迷雾，不再恐惧。

🌺 人生箴言

不要害怕未来的不可预测，生活中最大的乐趣不在于预知，而在于一再地挑战未知。

顺应自然，不要杞人忧天

我们左右不了外部世界，但是，我们可以把握住自己的心态。把握住了自己的心态，才能拥有一个美丽而安宁的精神世界。

有位果农拥有桃树园多年，有一年桃树结的果子特别小，他向所有的顾客道歉，表示这是因为自己无暇照顾果园。他解释道："要想好好为一株桃树剪枝，就需要整整一天，而他有约500余株树要照顾，根本顾不过来。"

他向一名老主顾坦陈："我很烦恼。我自己没办法为所有的树剪枝，又请不起帮手。我虽想加快工作，但匆忙之中却严重伤害了树木。因此我决定任桃树自己生长，结果就是如此。"他指着小桃子叹息。

顾客咬了一口桃子说："这是我所尝过的最甜美的桃子。虽然比较小，但滋味更美。或许让桃树自己生长，反而是对的。"

尊重大自然的法则，按照大自然简单而基本的法则生活，不勉强要求自己所渴望的成果。德国哲人康德所说的"大自然的一切都依循法则"就是这个道理。

一名刚满 40 岁的女性这么写道:"我对时间的观念已经改变了,而且我对自己的观念也因此而有所改变。多年来我总以飞快的步调生活,自高中以来,我就表现优异,大学时代又获得网球奖学金,最后成为半职业化的选手。我找了一名合伙人,一起成立网球学校,专以培养有潜力的选手为目标。有时朋友会告诉我他们最近读了什么书、看了什么电影、度了什么假,我总疑惑他们怎么找得到时间。因为我的人生一直是'拼命向前',所以我以为放慢步调是不好的,只要放慢步调,就意味着失败。

一直到我的合伙人结婚了,把整个事业都交付给我,我无法独力经营,也找不到能取代她的人。我工作的时间越来越长,无时无刻不觉得疲惫。在例行的体检之后,医师告诉我,必须适时发泄压力。

因此我报名参加阿帕拉契登山社长达一周的登山健行活动,我以为自己如此疲惫,根本不可能跟得上其他人,但我办到了。我背着背包,拄着稳固的登山杖,发现自己能跟随着山友的步调,攀上适当的高度。唯有此时,我才明白其实我不必在整个人生历程中都拼命地跑,我可以慢慢走。放慢步调使得我更能明白自己的本质。"

彼得是一个风华正茂的年轻人,正逢服兵役的年龄。他应征入伍,结果被分配到最艰苦的兵种——海军陆战队服役。离家前的半个月,彼得为此忧心忡忡,几乎到了茶不思、饭不想的地步。他的祖父奥克托见到自己的孙子一天一天瘦下去,便循循善诱地开导他。

祖父说："孩子啊，你没什么好忧愁的，到了海军陆战队，你有两个可能：一个是干内勤，另一个是干外勤。如果你分配到内勤单位，也就没有什么好忧愁的了！"

彼得问道："那，若是被分配到外勤单位呢？"

祖父说："那还是有两个可能：一个是留在本土，另一个是分配到国外。如果你分配在本土，也不用担心呀！"

彼得又问："那，若是分配到国外呢？"

祖父说："那还是有两个可能：一个是分配到后方，另一个是分配到最前线。如果你留在国外的后方单位，也是很轻松的！"

彼得再问："那，若是分配到最前线呢？"

祖父说："那还是有两个可能：一个是站岗的卫兵，平安退伍；另一个是遇上意外事故。如果你能平安退伍，又有什么好怕的？"

彼得有些紧张地问："那么若是遇上意外事故呢？"

祖父说："那还是有两个可能：一个是受轻伤，可能送回本土；另一个是受了重伤，可能不治。如果你受了轻伤，送回本土，也不用担心呀！"

彼得感到最恐惧的时刻到来了，他颤声问："那……若是遇上后者呢？"

祖父笑道："若是遇上那种情况，你人都死了，还有什么好忧愁的呢？忧愁的应该是我，那种白发人送黑发人的痛苦场面，可不是好玩儿的喔！"

最后，祖父语重心长地说："孩子，忧愁是一把无形的匕首，它会伤害你的精神，也会伤害你的身体。"

彼得一下子豁然开朗了——自己的忧虑原来不过都是杞人忧天。

的确，有一些担忧本来就是空穴来风、杞人忧天，如果相信它是真的，这辈子恐怕一天都过不安稳，这样的人生也就失去了意义。有个故事中的国王正是这样的人。这个国王在一天半夜突然醒来，召来全国最有智慧的先知。国王呻吟道："伟大的先知啊，我睡不着，因为我不知道下面这个问题的答案：谁支撑着地球？"

　　"陛下，"先知回答道，"地球是由一只体格庞大的象驮在背上。"

　　国王吁了一口气，宽了心，又上床睡觉，但不久又在涔涔冷汗中醒来，再度把先知召来寝宫："告诉我，伟大的先知，谁支撑着大象呢？"

　　先知答道："大象站在一只大乌龟背上。"

　　国王准备吹蜡烛就寝，却又停下来道："但是——"

　　先知握住他的手说："陛下可以适可而止了。"

　　在我们身边，这样的事情难道发生得还少吗？忧愁生疾病，疾病再生忧愁；而乐观生健康，健康更生乐观。在挫折、不幸、灾难或厄运降临的时候，如果我们能够保持乐观的心态，不被忧伤所俘虏，就会得到快乐的一生。

人生箴言

　　忧虑只会使事情向着你所忧虑的方向发展，停止担心那些力所不能及的事情，停止杞人忧天，你会发现，办法总比困难多。

相信事情总会有转机

用乐观、幽默的心情看待人生，其实正是我们应有的生活态度。遇到倒霉事的时候，如果能放松心情，那么，我们不仅能轻松应对人生过程中的起起伏伏，而且更能在霉运当头时迎来转机。

一天，一列由京都开往东京的列车突然颠簸起来，乘客全都由列车的一侧冲到另一侧。列车出了故障，被迫停了下来。乘客都是些赶着去上班的人，一开始他们很气愤，指责铁路公司耽误了他们的宝贵时间。这时有一位乘客提醒大家注意一下窗外，于是大家在不经意之间将目光投向了窗外。啊，谁都没想到，这里正好可以看到美丽宏伟的富士山。整日匆匆忙于生计的乘客们被眼前的美景吸引住了，欣慰自己竟然有如此好的运气。他们交相赞叹，频频摄影留念，直到云层掩盖住富士山，列车重新奔驰起来。这个插曲却使得列车余下的行程的气氛完全改变了。原本完全陌生或是平时总是避开和其他人接触的人，现在就像密友一般闲谈，原本熟睡的人也睁开双眼，赞赏列车穿过的绿色田野，许多人交谈方才感受到神奇地使他们集合在一起的美。车上的每一个人都得到机会，受到大自然的洗礼，而且也由此获得了新的欣赏角度。他们看到的不再是每日嘈杂的街景，而是和"人生列车乘客"同伴——每日同车却一直不相识的同伴，所共同经历的旅程。

其实，繁忙的日子里同样也有乐趣。有一天，鲁宾斯下班后，拦了一辆计程车搭乘，一坐进车里，他便感受到这位司机一定是个非常乐观的人。因为，司机一会儿吹口哨，一会儿播放《窈窕淑女》的插曲，鲁宾斯见他如此快乐，便羡慕地说："你今天心情真好！"

司机笑着说："当然啦！为什么要心情不好呢？"然后，司机接着说："其实，我是因为悟出了一个道理，发现情绪暴躁或低落，对自己一点好处也没有，更何况，凡事都会出现转机的嘛！"

接着，司机讲了自己的一段经历："有一天早上，我照常开车出门，本来想趁着上班高峰时间多赚点钱，然而情况却未如预期，再加上那天的天气非常寒冷，车子才上路没多久居然爆胎了，当时我的情绪立刻掉到谷底。接着，我拿出了工具更换轮胎，但是，因为天气实在太冷了，我更换轮胎的过程非常不顺利。"

他接着对鲁宾斯说："就在这个时候，有个路过的卡车司机从车上跳下来，一言不发地前来帮我，而且完全不必我动手，这个陌生的卡车司机很快帮我把轮胎换好了。当我向他表示谢意，想给予酬谢时，只见他轻轻地挥了挥手，旋即跳上卡车便离开了！"

司机笑着说："这个陌生人的帮忙让我一整天的心情大好，也让我相信，人不会永远都倒霉。在轮胎问题解决后，我的心似乎也打开了，而好运似乎也跟着进门，那天早上乘客一个接着一个，生意也比其他人多一倍呢！所以，遇到麻烦，不必心烦，生活不会永远都在不如意之中，因为事情总会有转机！"

相信事情一定会有转机，其实也是一种乐观的心理暗示力量，当司机明白这个道理之后，他的心中自然充满自信，他相信，人生一如日出日落，黑暗过后必然是黎明。"生活不会永远停留在不如意之中。"

即使我们真的遇到困难，也要相信，时间是最好的调节剂。曾经有个沮丧的人找到大师请求解惑，他对大师说："我是个不快乐的人，我的情绪起伏不定，几乎让我疯掉，今天我感到很悲伤，您能帮我解开这个迷惑吗？"

大师思考了一下说："三天内我会给你答案。"

三天后，大师又见到那个人，问他感觉如何，他说："过了几天，心情好多了。"大师告诉这个人说："相信时间，一切都会过去的。"

是的，再多的不如意，再大的困难，都会过去。生活态度乐观的人相信转机随时都会出现，即使遇到困难也不会埋怨，因为他知道风雨过后就是艳阳高照的好天气，既然好运必将来到，就没有必要给自己太多烦扰。

地球一直都在转动着，从未停止过，我们面对的问题也是如此。凡事都会有转机，只要能乐观应对，终究会让你等到好运到来的时候。

人生箴言

不要让一时的不如意困扰你的心情，笑一笑，相信事情总会有转机，天大的问题也终究会有解决的方法。

保持冷静，果断出击

在遇到突发事件的时候，要做到临危不乱的确不是件容易的事情。但我们应该尽力告诫自己，一定要冷静地面对现实。

一个猎人出门办事，放心地将心爱的猎狗留在家里照看才 1 岁多的儿子。猎人回来后，猎狗高兴地迎上来，猎人发现猎狗的嘴角有血，进屋一看，小床上不见了小孩的踪影。猎人大怒，挥刀便将狗脖子砍断了。

隔了一会儿，猎人听见大床底下有孩子的哭声，探头一看，正是儿子。而床前，躺着一只已经死去的血肉模糊的狼，孩子却安然无恙。猎人恍然大悟，抱着猎狗痛哭失声，后悔因为自己的冲动，不分青红皂白，轻率地结束了自己好伙伴的性命。

人在情急之下往往会有不理性的判断和行为。所以，越是在危急的时候，头脑越要保持冷静，从而想出解决危机的办法。

有一个单位新调来一位主管，据说他是个很能干的人，将会给单位带来新面貌。新主管如期到任，日子一天天地过去，单位一切照旧，并没有发生什么变化。那些一度感到紧张的人发现他也不过如此，于是又恢复了原来的面目，甚至比以前更加猖獗。

正当大伙儿对他的无所作为感到纳闷的时候，新主管突然发难，一揽子计划出台，开除的开除、责罚的责罚，当然，能者也获得了提升。事后，他给仍然在一起共事的人讲了一个故事。

古代有一个人，买了他朋友的一个大宅院，他搬进去的时候，觉得院子里很杂乱，于是动手将杂草杂树一律清除，改种了自己的一些花卉。某日，他的朋友回访，进门大吃一惊地问那株名贵的兰花哪里去了。原来，他根本就没有仔细察看，居然把兰花和杂草一起给扔掉了。后来他又一次买宅院，就汲取上次的教训，按兵不动，果然，到了第二年春天，那些看上去很像杂树的植物，开了繁花；原本没有动静的小树，在秋天居然红了叶。直到第二年暮秋，他才认清哪些是无用的植物，哪些是珍贵的草木。

说到这儿，主管举起杯来："我敬在座的每一位同事！如果这个办公室是个花园，你们就是其间的珍木，珍木不可能一年到头开花结果，只有经过长期的观察才认得出啊。"

每个人在生活中都难免会遇到新的情况，有时甚至是突如其来的变故，当你遇到问题时，首先要对自己问一声"为什么"。事情往往远不像表面上看起来的那样，也许会更糟，也许只是你心理上的错觉。面对变化，首先要分析情势并坦然接受现状。当你了解到事情也许不如想象的那样严重时，你就跨出了解决问题的第一步。

　　遇事时先想 3 秒钟，3 秒钟并不长，也许耽误不了你什么事情，但是这可能改变一件事情的结果，也可能改变你的一生。冲动是魔鬼，凡事三思而后行。

相信自己是宝石

著名作家余华在回答一个人的提问时曾这样说："我刚刚开始喜欢文学时，正在宁波第二医院口腔科进修，有位同屋的进修医生知道我喜欢文学，而且准备写作，就以过来人的身份告诉我，他从前也是文学爱好者，也做过白日梦，他劝我不要胡思乱想去喜欢什么文学了，他说：'我的昨天就是你的今天。'我当时回答他我的明天肯定不是他的今天。"那是1980年，余华刚20岁。后来余华果然在创作上取得了重大成就，应该说这和他当初树立的信心是密不可分的。

历史上也有不少这样的故事。有一个孤儿向高僧请教如何获得幸福，高僧指着一块陋石说："你把它拿到集市去，但无论谁要买这块石头你都不要卖。"孤儿来到集市卖石头，第一天、第二天无人问津，第三天有人来询问。第四天，石头已经能卖到一个很好的价钱了。

高僧又说："你把石头拿到石器交易市场去卖。"第一天、第二天人们视而不见，第三天，有人围过来问。以后的几天，石头的价格已被抬得高出了石器的价格。高僧又说："你再把石头拿到珠宝市场去卖……"

可以想象得到又出现了那种情况，甚至到了最后，石头的价格已经比珠宝的价格还要高了。

对于这种现象，一位心理学家作过这样的总结："相信自己美的人会越来越美。"其实世上人与物皆如此，如果你认定自己是一块毫不起眼的陋石，那么你可能永远只是一块陋石；如果你坚信自己是一块无价的宝石，那么你可能就是一块宝石。你坚信自己能成功，那你一定能成功。

每个人的本性中都隐藏着信心，高僧其实就是在挖掘孤儿的信心和潜力。

信心是一股巨大的力量，它能够让平凡的事情产生神奇的效果，使你免于失望，使你丢掉那些不知从何而来的黯淡的念头，使你有勇气去面对艰苦的人生。相反，如果丧失了信心，快乐之门似乎就关闭了，它使你看不见远景，对一切都漠不关心，使你误以为自己已经不可救药。

不管你的天赋怎样高、能力怎样大、知识怎样多，你事业上的成就总不会高过你的自信。正如一句名言所说："他能够，是因为他认为自己能够；他不能够，是因为他认为自己不能够。"

有一次，一个兵士从前线归来，将战报递呈给拿破仑。因为路上赶得太急促，所以他的坐骑在还没有到达拿破仑那里时，就倒地

遇见内心强大的自己

气绝了。拿破仑看完战报后立刻下道一手谕，交给这个兵士，叫他骑自己的坐骑火速赶回前线。

兵士看看那匹雄壮的坐骑和华丽的马鞍，不觉脱口说："不，将军，对于我这样一个平凡的士兵，这坐骑太高贵了，我承受不起。"

拿破仑说："骑上它的时候，你把自己当成将军不就行了吗？"

这世界上有很多人总以为别人所有的种种幸福是不属于他们的，以为他们是不配拥有的，以为他们不能与那些命运好的人相提并论。殊不知，这样的自卑自抑、自我抹杀，将会大大减弱自己的自信心，也同样会大大减少自己成功的机会。拿破仑之所以能够成功，和他有强烈的自信心是分不开的。

自信使你能够感觉到自己的能力，其作用是其他任何东西都无法替代的。坚持自己的理念，有信心依照计划行事的人，永远比一遇到挫折就放弃的人具有优势。

有一位顶尖的保险业务经理要求所有的业务员每天早上出门工作之前先在镜子前面用 5 分钟的时间看着自己，并且对自己说："你是最棒的保险业务员，今天你就要证明这一点，明天也是如此，一直都是如此。"经过这位业务经理的安排，每一位业务员的丈夫或妻子，在他们的爱人出门工作之前，都以这一段话向他们告别："你是最棒的业务员，今天你就要证明这一点。"这一举措效果十分明显，这家公司的业务员比起他们的同行来，要自信得多，工作起来自然也就具有了克服困难的勇气和信心。这个细节说明，人要勇敢地把命运掌握在自己手中，才会有创造力。

也许你曾经失去过，但失去后，你学会了珍惜；也许你曾失败过，但失败后，你学会了坚强；你也许相貌平平，也许一无所长，但你不应该自卑，也许在某方面你存在着惊人的潜力，只是你并没有发觉罢了。正视自己，更深层地挖掘自己的潜力，相信天生我材必有用，是金子就一定会发光。自信的人总是依靠自己的力量去实现目标，自卑的人则只有依赖侥幸去达到目的。自信者即使失败也不失一种人生的悲壮，虽败犹荣。

也许你并不出众，但平凡也是一种美，不被世间的功名利禄所累，知足常乐何尝不是一种幸福啊。人生能有几回搏，春去秋来，花谢花开，何必自寻烦恼，虚度光阴呢？不论快乐或悲伤，我们都应该积极乐观地面对生活中的每一天。

人生箴言

与其问自己"我能成功吗"？不如满怀信心地对自己说"我一定能够成功"！这时，人生收获的季节离你已不太遥远了。

直面痛苦，才可能摆脱困境

　　X大姐毅然与有了点钱就在外面胡作非为的丈夫离了婚，独自带着5岁的女儿在一个价格便宜的小区里租了套小房子。有人说她傻，因为她握有前夫外遇的证据，完全可以狠狠地和对方要价，以使离婚后母女的生活有所保障。离婚前的她完全是个怨妇、弃妇，不知流了多少泪，像祥林嫂一样见人就诉说自己的遭遇，但换来的不是丈夫的回心转意，而是周围人的哀其不幸、怒其不争。怨过恨过之后，她终于明白只有勇敢地摆脱目前的处境，生活才能改变。

　　起初，母女俩的日子十分艰难。大姐把女儿托付给母亲，自己四处找工作。她先后做过保洁员、钟点工、保姆和月嫂，她从前想都没想过自己有一天会做这些工作。但摆脱了不幸婚姻的女人，再没有一丝怨妇的影子，再苦再累，脸上也带着明媚的笑，那是发自心底的开心。渐渐地，小区的邻居们都认识她了，也都喜欢上这个不幸却乐观的女人。后来，有邻居给她出主意说，既然她对厨艺悟性不错，不如在小区里做酱肘子卖，不用出去奔波，做好了还能把女儿接到身边来。

大姐反反复复想了一晚上："我能行吗？我为什么不行？不是可以试试吗？那就试试，说干就干。"她买来别人做的酱肘子品尝，买来有关书籍研究，还到饭店里去请教厨师。一个月后，大姐的肘子铺开张了。因为大姐为人热情爽朗、肘子口味好、店面干净整洁，所以生意一下子就火了起来。大家既饱了口福，又帮了她，都很高兴。大姐的酱肘子于是有了一个好听的名字——"含笑牌"肘子。

不久，"含笑牌"肘子就成了那个小区百姓喜欢的熟食。生意越做越好，大姐请了一个下岗女工过来帮工，并把女儿接到了自己身边。有人和她聊天，问她有什么感受。她说："不试不知道，自己原来挺能干的，日子还可以过得这么有滋有味。如果早知道这样，何必死守了3年没放手，白白浪费了好时光。"

大姐当时死守着已经名存实亡的婚姻，并不是对前夫旧爱不忘，只是因为害怕面对离婚以后的生活。连自己的男人都守不住，离婚岂不被人笑话？没有学历，没有手艺，找不到工作怎么办？女儿将来还要上学，供不起怎么办？这一连串的问题让她不敢想象，而只能日复一日以泪洗面，陷入更大的痛苦之中。

大姐的经历启示我们，只有勇敢地直面生活，才能获得快乐和成功；自怨自艾，回避现实，只能陷入痛苦的漩涡。人生不如意事十之八九，生活对乐观者而言更多的是创造与享受，而对悲观者来说更多的却是虚度与痛苦。

想起曾看到的一个故事，一个嗜赌成性的赌徒在一次债主上门讨债时失手犯下重罪，被判无期徒刑。赌徒的妻子独自抚养两个儿子成人。两个儿子年龄相差一岁，命运却大不相同：一个赌瘾很大，靠偷盗和抢劫为生，最终被捕入狱；另一个自学成材，家庭幸

遇见内心强大的自己

福，事业有成。有人好奇地问这两个儿子堕落或成功的原因，这回，兄弟两人的答案竟惊人地一致："有这样的老子，我还能有什么办法？"

两人答案虽然相同，但折射出来的人生态度却大不相同：一个丧失信心，自暴自弃，终于堕落成罪犯；一个正视现实，并奋发图强，终于成就幸福的人生。个中道理颇值得人们玩味。

人生箴言

在人生旅途上，最糟糕的境遇不是贫穷、厄运，而是对生活没有了信心。既然回避只能徒增痛苦，何不勇敢地面对并放手一搏呢？

你能改变，只要你想改变

阿奎是个憨厚的人，但缺少男子汉气魄。上司批评他是"图腾柱最下层的人物"，意思就是公司里营业额最低的推销员。公司虽然不愿意，但解雇阿奎几乎已成定局。

就在这时候，阿奎忽然开始积极地工作，而更让大家异常惊讶的是他的营业额也在逐渐增加，一年后已经在公司全体推销员中从排名最后跻身到了前几名。两年后，他成为国内销售部成绩最好的推销员。大家都将此视为奇迹。

在全国推销员参加的年度大会中，阿奎被请到台上，他是公司该年度最优秀的推销员。阿奎惴惴不安地走上台，董事长对他说："我从来没有这样高兴地赞扬过谁。阿奎，你真是一个优秀的推销员，更重要的是，你成为了一位杰出人物。你实在使我们有云里雾里的感觉。你的营业额高速成长，这种改变实在很了不起，你简直变成了另外一个人了。你能不能向在座的各位谈谈你的秘诀呢？"

那么，这一切是如何改变的呢？原来，阿奎曾因为自己是个"失败者"而垂头丧气。有一天晚上，他想道："不能永远这样下去了。"当时他在客厅里，看到一旁的书架上有一本拿破仑传记。他拿起书打开封面。封面里写着"送给阿奎，挚爱你的妈妈"，于是，他坐在那里继续翻下去。当"我能改变，变成另外一个人"的语句突然映入他的眼帘，他若有所悟。

第二天早晨，他上街买回了一身新装，包括西装、内衣、袜子、衬衫、皮鞋、领带等一应衣物。虽然他知道人不可能因为穿着而彻底改变自己，但改变自己必须有一个开端，今天正是时候。

回家以后他立刻洗澡，把全身搓洗得就像刚出生的婴儿那样发红；头发也洗干净，把头脑中过去的消极思想完全洗掉，然后穿上新装，变成崭新的阿奎出去推销了。他的营业额开始增长，越来越顺利。

一个人变成一个崭新的人，令人几乎不敢相信和以前的他是同一个人。这多么让人震撼！

从我们出世那一天起，很多东西就被永远地定格在了我们身上，比如说容貌、身材、家庭背景等。这些都是我们无法改变的，无从逃脱，只能接受。庆幸的是，我们还拥有一个头脑，我们的思想没有被定格、没有被禁锢，我们可以去改变自己，成为自己想成为的人。

电视剧《大长今》里有这样一个情节：长今为帮助朋友，违犯宫规私自出宫，被发配到"多栽轩"种药草。凡被赶出宫的人，肯定再也没有机会回到宫中了，长今几乎绝望。更让人绝望的是"多栽轩"从长官到普通职员整天庸庸碌碌，除了喝酒，就是睡觉，他们对生活已失去了最起码的希望。

这是一个可怕的环境，足以消磨任何人的斗志和信念，所有来这里的人都变得麻木和无所作为。但长今一生的信念是学好厨艺，目标是当上宫中的"最高尚宫娘娘"。

当她被赶出宫，照理说理想应当破灭了。可当长官告诉她有一种珍贵的药材还从来没有人种植成功过，长今惊喜万分，马上明白了自己在"多栽轩"的使命。她立刻静下心来，在"多栽轩"安心地学习，结果她成功地栽培出了那种只在朝鲜的传说中才有的名贵药材。"多栽轩"轰动了，所有的人都来帮助长今种植这种稀有的药材。

长今再次找回了自己一生追求的目标——当宫中的"最高尚宫娘娘"。

"多栽轩"恶劣的环境没有改变长今，而长今却以自己的行为改变了"多栽轩"的所有人。

很多时候，我们没有办法选择自己生存的环境。但用心去"改变自己"，却是可以马上做到的，就像长官告诉长今"你什么也不要干！"时，长今好像没有听见，继续种植药材一样；就像大家嘲笑长今，她同样没有听见，继续她的实验一样。长今没有能力说服同事和自己一起种植药材，更没有权力要求长官让"多栽轩"正常运转，她唯一能指挥的就是她自己。最后，长今通过改变自己而改变了"多栽轩"的其他人。

很多人以为只要到一个新环境，比如到深圳、到某家公司，就可以改变命运，却没有想到——只有先改变了自己，才能彻底改变自己的命运。这是个永恒不变的道理。

改变心态，可以把恶劣的环境变成对自己有利的环境。要让事情改变，先改变自己；要让事情变得更好，先把自己变得更好。

第二篇　充分利用自己的弱点

认识你自己

有这样一道测试题：当一个落水昏迷的女人被救起后，她醒来发现自己一丝不挂时，第一个反应会是捂住什么呢？答案是：她尖叫一声，然后用双手捂住自己的眼睛。

从心理学上来说，这是一个典型的不愿面对自己的例子。因为自己有"缺陷"或者自己认为自己有"缺陷"，所以就通过这种方法把它掩盖起来。但这种掩盖实际上也像落水女人一样，是把自己眼睛蒙上。所以，人要认识自己，首先必须学会面对自己。

一位孤独的年轻画家，一无所有。起初他到一家报社应聘，但主编看了他的作品之后大摇其头，认为其作品缺乏新意而不予录用。后来，他终于找到了一份工作，替教堂作画，可是报酬极低。他无力租用画室，只好借用一间废弃的车库作为临时办公室。每晚熄灯睡觉时，他都能听到老鼠在车库里跑来跑去的声响。

有一天，当疲倦的画家抬起头时，他看见昏黄的灯光下有一对亮晶晶的小眼睛，那是一只小老鼠。画家微笑着注视这只可爱的小精灵，感到自己其实并不孤单。

那只小老鼠一次次出现，不只是在夜里。他从来没有伤害过它，甚至连吓唬都没有。它在地板上做着多种运动，表演精彩的杂技。而他这个唯一的观众，则奖励它一点点面包屑。渐渐地，他们互相信任，彼此间建立了友谊。

不久，年轻的画家被介绍到好莱坞去制作一部以动物为主的卡通片。这是他好不容易得到的一次机会，他似乎看到成功的大门向自己开了一道缝。但不幸得很，他再次失败了，不但因此穷得身无分文，而且再度失业。

一天夜里，穷途末路之际，他读到了这样一句话："是呀，以前我总是为名利而努力，如果永远没有人知道我干的事，也永远没有人付给我报酬，那么，我将干什么呢？"他恍然大悟，突然明白了自己来到这个世界的使命，弄清楚了自己的本来面貌。他迅速爬起来，拉亮灯，支起画架……于是，有史以来最伟大的动物卡通形象——米老鼠就这样诞生了。

这位年轻的画家就是后来美国最负盛名的人物之一——沃尔特·迪士尼。

一个人在一生中可以去扮演很多角色。但是，只有一种角色真正能让你成功，这就是做你自己。鱼儿从来不会因为游戈而劳累，鸟儿从来不会因为飞翔而厌倦，花儿从来不会因为盛开而疲惫，因为它们在扮演自己。

在希腊，太阳之神阿波罗的神殿门口刻着这样的文字："要认识自己，这是人类最大的智慧。"但认识自己不是件容易的事。有一位漂亮的长发公主，自幼被巫婆关在一座高塔里，巫婆每天对她说："你的样子丑极了，见到你的人都会害怕。"公主相信了巫婆的话，怕被别人嘲笑，不敢逃走。直到有一天一位王子经过塔下，赞叹公主貌美如仙并救出了她。其实，囚禁公主的不是什么高塔，也不是什么巫婆，而是公主那"自己很丑"的错误认识。我们也常常被别人的意见所蒙蔽，比如别人说你笨、没有前途、不会取得成功，你也就相信了。其实，人生最大的悲剧与不幸，不在于遇到的挫折有多大，而在于我们不知自己有什么样的能力，应该做什么！当你了解了自己，就等于打开了通往成功之路的大门。

人生箴言

生活就是不断发现自我的过程，任何人的成功，都是从认识自己开始的。

喜欢你自己

有一次，一个人对他的朋友说："曾经有很长一段时期，我不喜欢我自己！"其实，这不是他自卑自馁，这的确是一件不幸的事实。

他说："我有许多理由不喜欢我自己。有的理由还说得过去，有的理由纯粹只是一种幻想。这一段时期我很痛苦，也很难挨过去，现在回想起来我还感到后怕。后来我渐渐发现，有许多人实际上是喜欢我的。我真的感到又惊又喜。我想，既然他们会喜欢我，为什么我不喜欢自己？开始时，我只是这样想想而已，慢慢地就学会了如何喜欢自己，到了这时候，一切便都好转起来了。"

生活中，许多人不喜欢自己，因而不信任自己，进而戴上假面具或虚撑场面。他们常常吵架，常常做作，常常嫉妒，因为他们不喜欢自己。最主要的原因就在于他们对自己了解得不够，因此不能表现出自己性格的本色。一个人一旦喜欢自己，便有了自信，便能从自弃的束缚中解脱出来。

一个健康、成熟的人，其标志之一就是"喜欢自己"。适度的自爱和自重，是成就事业不可缺少的素质，它和自恋根本不是一回事儿。

一个心理成熟的人，不会躺在床上默想自己哪儿比不上别人；无论是对自己或别人，他都会抱有同样的宽容心，他不会因为自己有一些弱点而活得痛苦不已。

不喜欢自己的人，表现出来的特征之一便是过度地自我挑剔。适度的自我批评是健康的、有益的，对自我进步极为必要。但若超过一定程度，则会影响一个人的积极行为。

有位女学生在下课之后抱怨自己的演讲没有达到自己预期的效果。"当我站起来演讲的时候，立刻意识到自己笨拙、胆怯的表现。"她说道，"班上的其他同学似乎都显得泰然自若，很有信心。但我一想到自己的种种缺点，便失去勇气，无法再讲下去了。"她还继续分析自己的弱点，并且说明得十分详细。等她讲完之后，心理医师告诉她："别净想自己的缺点。并不是缺点使你的演讲不好，而是你没有把长处发挥出来。"

的确，人人都有缺点，不能正确地对待自己的缺点，才会导致人生的失败。莎士比亚的戏剧里有不少历史和地理知识上的错误，狄更斯的小说也有不少过度矫情的地方。但谁会去注意这些缺点呢？这些作品闪耀着不朽的光辉——由于它们的优点那么显著，以至缺点都变得不重要了。

我们常因心灵上的罪恶感，再加上过往和现在所犯的种种过错而自惭形秽，我们不能尊敬或喜爱这样的自己。为了让自己跳出这样的情境，我们必须把过去通通埋葬掉，然后重新出发。

因此，学着喜欢自己，培养面对自己缺点的耐心，是一项很有意义的事情。这并不意味着我们必须降低水准，变得懒惰、糊涂或不再尽心尽力。但我们必须了解一个事实：没有人——包括我们自己——能永远达到100%的成功率。期待别人完美是不公平的，期待自己完美则更加愚蠢荒唐。

不要对自己那么苛刻，有时候，我们需要放松一下自己，为学会喜欢自己创造一个宽松的条件。如果一个人连自己都难以接受，他又如何要求别人接受他、喜欢他呢，这等于是在建一座空中楼阁。通过学习跟自己独处，我们就会找到一个心灵的停泊港湾。

人生箴言

每个人都是上帝的杰作，都是世界的唯一，亿万人曾经生活在地球上，但从来未曾有过、也将永远不再会有第二个你。喜欢你自己，认为你自己就是世界的唯一，对自己心存爱慕之情。只有喜欢自己，你才能喜欢他人，他人也才能喜欢你、接受你。

弱点也许正是优势

世上没有绝对的事情，你的弱点有时候也许正是你的优势，只不过你没有发现而已。

一个 10 岁的男孩在一次车祸中失去了左臂，尽管如此，他还是决定去学习柔道。男孩学得非常刻苦。但是，在 3 个月的苦练中，他的师傅只教了他一个招式，这使他很不理解。

"师傅，"男孩有一天终于憋不住了，"难道我不应该再学一些其他的招式吗？"

"这是你应该知道的唯一一招，也是你必须知道的唯一一招。"师傅回答。

男孩虽然不能够完全理解师傅的话，但是他对师傅很信任，于是，他继续苦练。

几个月后，师傅带他去参加他的第一次柔道比赛。令男孩自己都感到惊讶的是，前两场比赛他轻而易举地战胜了对手。第三场比赛比较艰难，但是经过一段时间的激烈对抗，他的对手失去了耐心，开始向他发动攻击，男孩熟练地用他唯一的一招赢得了这场比赛。

男孩对自己的成功非常震惊。

决赛开始了。这一次，他的对手是个身材更加魁梧、体魄更加健壮、实战经验也更加丰富的人。在最初的对抗过程中，男孩显得有些力不从心。因为担心男孩可能会受到伤害，裁判决定暂停比赛，劝说男孩放弃。就在裁判准备宣布比赛结果的时候，男孩的师傅坚持说："不，让他继续比赛。"

比赛继续进行着。这时对手犯了一个严重的错误：他放松了警惕。男孩瞅准机会，用自己唯一的一招击败了他。男孩成为了冠军。在回家的路上，男孩和师傅把每一场比赛中的每一个动作都回顾并讨论了一番。然后，男孩鼓起勇气问了一个他心里真正想问的问题。

"师傅，我只会一个招式，怎么就赢了这次比赛呢？"

"你能够获胜，有两个原因，"男孩的师傅回答，"第一，你所掌握的这唯一的一招是柔道功夫中最厉害的招式之一。第二，你的对手唯一能够用来防御你那一招的是去抓你的左臂……"但男孩没有了左臂，最大的弱点恰恰变成了他的最大优势。

这就是男孩获胜的秘密。

可见，弱点和优势其实都是相对而言的，你的弱点不适合此行业，却可能适合彼行业。所以，我们要做的不是花很多精力去克服自己的弱点，而是让弱点有用武之地，将弱点的作用发挥到极致。

相反，优势也未必在任何地方都能发挥作用，使用不当，同样会带来严重的后果。有一位哲学家坐船过河，满腹经纶的他在船上问船夫："你懂哲学吗？"

"不懂。"船夫回答。

"那你至少失去了一半的生命。"哲学家说。

"你懂数学吗？"哲学家又问。

"不懂。"船夫回答。

"那你失去了百分之八十的生命。"

突然，一个浪头把船打翻了，哲学家和船夫都掉到了水里。看着哲学家在水中胡乱挣扎，船夫问哲学家："你会游泳吗？"

"不会。"哲学家回答。

"那你将失去整个生命。"船夫说。

这个故事告诉我们，所谓的弱点和优势，不过是在不同场合下的不同的表现方式，只要利用好了，你的弱点就是你的优势。

人生箴言

与其为弱点忧愁，不如给弱点创造发挥作用的环境，充分利用弱点同样能征服障碍、取得成功。

缺陷成就人生

美国心理学家阿佛瑞德·安德尔说，人类最奇妙的特性之一就是"把负变为正的力量"。

一位快乐的农夫买下一片农场后，起初觉得非常沮丧。因为那块地既不能种水果，也不能养猪，能生存的只有白杨树及响尾蛇。但他很快想到了一个好主意，他要利用那些响尾蛇。他的做法让人们大吃一惊又赞叹不已，他用响尾蛇肉做罐头。不久，他的生意就做得非常好了。这个村子后来改名为响尾蛇村，就是为了纪念这位把毒蛇做成甜美肉罐头的先生。

研究那些有成就的人，你会发现，他们之中有很多人之所以成功，正是因为开始的时候有一些阻碍他们前进的缺陷促使他们加倍地努力，从而得到了更多的报偿。这正如一些残疾人所说的："我们的缺陷对我们有意外的帮助。"

是的，也许弥尔顿因为失明而写出惊世的诗篇，贝多芬可能因为失聪而谱写出不朽的曲子，而我国当代作家史铁生双腿残疾，却在创作上达到了相当的高度。

"如果我不是有这样的残疾，我也许不会完成这么多的工作。"达尔文坦率承认他的残疾对他有意想不到的帮助。

有一次，世界最有名的小提琴家欧利·布尔在巴黎举行一场音乐会，演奏中，他小提琴上的 A 弦突然断了。令人惊讶的是，欧利·布尔居然用另外的那三根弦演奏完了那支曲子。"这就是生活，"哈瑞·艾默生·福斯狄克说，"如果你的 A 弦断了，就在其他三根弦上把曲子演奏完。"

著名女影星索菲亚·罗兰 16 岁时进入电影公司，但她的缺陷却让人们产生了争议。摄影师们抱怨说："您的鼻子太长，臀部太丰满，无法把您拍得美艳动人。"

后来成为她丈夫的著名导演卡洛·庞蒂也不得不与罗兰商量弥补缺陷的办法。他委婉地建议罗兰把鼻子动一动，把臀部缩小一点。

但罗兰坚持认为，虽然她的脸毛病太多，但这些毛病加在一起反而会更有魅力呢。"说实在的，"她说，"我的脸确实与众不同，但是我为什么要长得跟别人一样呢？"

"我要保持我的本色，我什么也不愿改变。无可否认，我的臀部确实有点过于丰满，但那是我的一部分，是我所以成其为我的一部分，那是我的特色。我愿意保持我的本来面目。"

罗兰取得了人所共知的成绩。她的成功在于避免了用别人的标准来判断自己，巧妙地化缺陷为张扬个性的标志，在艺术实践中创造出一种前所未有的美。

从罗兰对待自身缺陷的态度上，我们除了感受到自信的力量外，还能得到这样的启示：缺陷也可以是一种美，可以是一种优势。

人生箴言

正视自己的缺陷并恰当地利用，缺陷也能带给你意想不到的成功。

没有经验更能勇于尝试

如果你把 6 只蜜蜂和 6 只苍蝇装进一个玻璃瓶中，然后将瓶子平放，让瓶底朝着窗户，会发生什么情况？

你会看到，蜜蜂不停地想在瓶底上寻找出口，一直到它们因力气衰竭而倒毙；而苍蝇则会在两分钟之内穿过另一端的瓶口逃逸一空——事实上，正是由于蜜蜂的智力和经验，才导致了它的死亡。

蜜蜂以为，囚室的出口必然在光线最明亮的地方，所以它们不停地重复着这种"合乎逻辑"的行为。对蜜蜂来说，玻璃是一种超自然的神秘之物，它们在自然界中从没遇到过这种突然不可穿透的"大气层"；而它们的智力越高，这种奇怪的障碍就越显得无法接受和不可理解。

那些看上去"愚蠢"的苍蝇却没有这些"宝贵"的经验，对事物的逻辑也毫不留意，全然不顾亮光的吸引，四下乱飞，结果机会的大门就向它们打开了；这些头脑简单者总是比智者更能顺利逃生。

因此，苍蝇得以最终发现那个出口，并因此获得自由和新生。

这是美国密执安大学教授卡尔·韦克做的一个绝妙的实验。韦克总结道："这件事说明，实验、坚持不懈、试错、冒险、即兴发挥、迂回前进、混乱、刻板和随机应变，所有这些都有助于应付变化。"

我们在嘲笑蜜蜂的时候，有没有想过，我们自己也常常是一个经验主义者，经验越多，受的束缚也越多。就像"刻舟求剑"故事里讲的那样，因为过分迷信经验，当遇到难题时，我们总是在寻找别人解决这个问题时的经验而放弃了新的尝试。是的，经验不容忽视，却不应该成为制约我们思想的牢笼。

一只肥胖的蜘蛛歇在一辆自行车前瓦盖上，骑车人没管它，扶上车把准备骑车，受到震动的蜘蛛很快顺着自己吐出的丝落到前轮的辐条上。骑车人在前进的过程中偶尔看一下前轮，发现蜘蛛已在辐条上盘了一圈又一圈的丝，而它还在不停地一边吐丝，一边朝着车轮相反的方向飞奔。等骑车人到达目的地时发现，蜘蛛由于不断地吐丝、飞奔，此刻已变得极为瘦小，奄奄一息。

蜘蛛遇到危险时，能以最快的速度吐丝坠落，不仅逃得快，而且摔不坏自己，且能在感到危险已经过去时，沿原路返回。这恐怕是蜘蛛的遗传因子在起作用，祖祖辈辈、一代又一代的实践证明这确实是安全可靠的办法。然而蜘蛛这次遇到的是滚滚的车轮，原来的办法失去了效用，还差点儿让它丢了性命。其实，只要紧紧抱住一根辐条不放，以静制动，任凭车轮旋转，它就会安然无恙。可惜这只蜘蛛是一个经验主义者。

可见，经验多了也未必是好事，没有经验未必是坏事。当你在成功路上遇到前所未有的障碍或限制时，不要因为自己没有处理类似问题的经验而沮丧，也不必立刻寻求别人的经验来解决问题。照搬别人的经验，也许会让你像那只蜘蛛一样陷入更大的麻烦。因为遵循经验时，创造力便会萎缩、窒息。没有条条框框的限制，你尽可以放开手脚去尝试各种办法，而伟大的创造发明大多源于不断的尝试。

人生箴言

不要羡慕有经验的人，不要盲从经验，自己勇敢地去尝试吧。

不要盲目模仿别人

东施效颦的故事可谓妇孺皆知。人人都会嘲笑东施效颦的做法，但在现实生活中，类似的事情却在天天上演。电视剧《还珠格格》热播时，"小燕子"赵薇的相貌一时间成了好多追星女子模仿的对象，竟有不少人拿着偶像的照片到医院整容，要求把自己的脸换成偶像的脸。有人因为整容失败，不仅没有让自己的脸变得像偶像那样，反而把原本端正的脸弄得怪模怪样，甚至伤痕累累。

作家雨果说过："即使你很成功地模仿了一个有天才的人，你也会缺乏他的独创精神。"京剧大师梅兰芳也说："学我者生，像我者死。"每个人都有自己的个性，有自己的潜能，每个人成功的方式也不同。成功只可借鉴而不可模仿，更不可抄袭，不审视自己的特长和个性，盲目模仿别人、照抄别人，就会像下面这则故事里的驴一样让人发笑了。

有一则寓言故事生动、幽默地说明了这个道理。一位农夫养了一头驴和一只哈巴狗。驴关在棚子里，虽然不愁温饱，却每天都要到磨坊里辛苦地拉磨，到树林里去驮木材，工作繁重。而哈巴狗凭着会演许多小把戏，颇讨主人的欢心，每次都能得到好吃的东西作为奖励。

驴子在工作之余不免有怨言，觉得命运对自己太不公平，他总希望自己有机会像哈巴狗一样去讨主人的欢心。一天，机会终于来了，驴子挣断缰绳，跑进主人的房间，学哈巴狗那样围着主人跳舞，驴子又蹦又踢，不仅撞翻了桌子，还把碗碟摔得粉碎。驴子觉得这样还不够，它居然趴到主人身上去舔他的脸。

这下可把主人给吓坏了，直喊"救命"。邻居听到喊叫急忙赶到时，驴子正等着奖赏呢——没想到等来的却是杀身之祸。

愚蠢的驴子不知道，无论它多么忸怩作态，都不会像小狗那样可爱，甚至还不如从前的自己，因为这不是它能干的行当。盲目模仿别人只会坏事，甚至送命。

人生箴言

不要盲目地改变自己的性格、违背自己的天性，去做自己不适合的事。做好自己，哪怕有缺陷的自己，你才能成功。

做自己擅长的事

19 世纪末，一个男孩降生于布拉格一个贫穷的犹太人家里。随着男孩一天天长大，人们发现他虽生为男儿身，却没有半点男子汉气概。他的性格十分内向、懦弱，也非常敏感多虑，老是觉得周围的环境对他产生压迫和威胁。防范和躲避的意识在他心中根深蒂固。

男孩的父亲竭力想把他培养成一个标准的男子汉，希望他具有风风火火、宁折不弯、刚毅勇敢的性格特征。在父亲那粗暴、严厉却又很自负的斯巴达克式的培养下，他的性格不但没有变得刚烈勇敢，反而更加懦弱自卑，彻底丧失了自信心，以至于生活中每一个细节、每一件小事，对他都是一个不大不小的灾难。他在惶惑和痛苦中长大，整天都在察言观色，小心翼翼地猜度着又会有什么样的伤害落到他的身上，时常独自躲在角落处悄悄咀嚼受伤的痛苦。

看他那样子，谁也没指望他能干出什么成绩来。

是啊，这样的孩子，还能指望他做什么呢？难道让他去当兵、去冲锋陷阵、去做元帅吗？不可能，部队还没有开拔，他也许就已经当逃兵了。让他去从政吗？以他的智慧、勇气和决断力，要从各种纷杂势力的矛盾冲突中寻找出一种平衡妥当的解决方法，那是可望而不可及的幻想。他也做不了律师，懦弱内向的他怎么可能在法庭上像斗鸡似的竖起雄冠来呢？做医生则会因太多的犹豫、顾虑而不能果断行事，那只会使很多的生命在他的犹豫中失去治疗的最佳时机。

看来，懦弱、内向的性格，确实是一场人生的悲剧，即使想要改变也改变不了。然而，你能想象这个男孩后来的命运吗？这个男孩后来成了世界上最伟大的文学家之一——他就是卡夫卡。

为什么会这样呢？原因很简单，关键是卡夫卡找到了适合自己发展的方向，找到了上帝为他安排的最适合的职业。

性格内向、懦弱的人，内心世界一定很丰富。他们能敏锐地感受到别人感受不到的东西。他们是外部世界的懦夫，却是精神世界的国王。这种性格的人如果选择了做军人、政客、律师，那么，就等于选择了做懦夫；但如果他选择了精神领域，那么，他就选择了做国王。卡夫卡正是选择了后者，他在文学创作的领域里纵横驰骋，在这个他为自己营造的艺术王国中，在这个精神家园里，他的懦弱、悲观、消极等弱点，反倒使他对世界、生活、人生、命运有了更尖锐、敏感和深刻的认识。他以自己在生活中受到的压抑、苦闷为题材，开创了一种新的文学表达方式，成为现代主义文学的奠基人。他在作品中把荒诞的世界、扭曲的观念、变形的人格解剖得淋漓尽致，使我们对"现代文明"这种超级怪物有了更深刻的认识，对人生和命运有了更沉重的反省。

性格无所谓好坏，每种性格都有适合的事可做。所以，假如某个工作让你陷入困境，不必因此对自己失去信心而认为自己什么也干不好。总有一个领域是你喜欢的、是你感兴趣的、是你适合的、是你能够做出成就的，正如美国微软公司总裁比尔·盖茨先生曾经说过的名言："做自己最擅长的事。"这正是比尔·盖茨成功的秘诀。

人生箴言

做自己感兴趣的事，做自己擅长的事，不仅容易从中获得快乐和满足，也容易获得成功。一个人能够及早发现自己真正有兴趣的事，并且将兴趣培养成为专长，就能获得挥洒自我的真正幸福。

你有你的优势

英国军械专家布利阿里是个整天和武器打交道的人，他的绝大多数时间都在琢磨枪支的性能和构造。

但他一生最大的成就不是发明了什么武器，而是发明了与武器毫不相干的不锈钢餐具。一战前，英国热衷于殖民扩张，但英军发现他们的枪支使用时间一长，射程和命中率就大大降低。而布利阿里的任务就是改进枪支构造，提高枪支的性能和使用寿命。

布利阿里很快就发现造成枪支性能问题的原因是枪膛的用材硬度不够，如果能找到具有相当硬度的材料，这个问题就可以迎刃而解。他通过各种渠道找来各种各样的合金钢，对它们进行耐磨和耐热的试验。由于品种繁多，试验时间被拖得很长，试验场地上很快就堆满了各种合金钢。布利阿里在清理场地时，发现了一块锃光雪亮的不锈钢钢材。经过分析，他发现这种钢材并不适合用在枪支上，但就在要将它抛弃的时候，他突然觉得这么漂亮的材料没有被派上用场实在太可惜了。他想到了试验室里暗淡无光的餐具,于是就想:"如果用这些材料做餐具,不是十分漂亮吗?"就因为这个念头,布利阿里成了一位不锈钢餐具推销商。数年后,不锈钢餐具开始进入家庭。

当布利阿里获得极大收益的时候,不锈钢材料的发明者、德国人毛拉不禁感叹:"我把它扔到了垃圾堆,怎么没有想到它可以成为餐具呢?"

这个故事告诉我们:再贵重的东西如果用错了地方,也只能是垃圾或废物。就像人的手指,有粗有细、有长有短,它们各有各的用处、各有各的美丽,你能说大拇指就比小拇指好吗?不能。我们每个人都像那块不锈钢,既可以是垃圾,也可以是宝贝,关键在于是否用对了地方。

著名学者彼得·德鲁克当初的举动也不为人们所接受,但是他认为自己找到了属于自己的位置。他在 1940 年初开始管理学研究时,图书馆里只能找到 5 本相关书籍,他的朋友说他有可能"聪明反被聪明误",劝他从事能够很快看到成绩的研究。德鲁克对这些劝说一笑置之,沉浸到了自己的研究当中。30 年后,人们承认德鲁克创造了"管理学"这一学科,它是 20 世纪末最引人注目的学科之一。如同很多历史上的独创性人物一样,德鲁克属于那个无法被归类的行列,他对于经济学、政治学、人文艺术、历史乃至日本学、印度学的广泛兴趣,使他觉得必须有一门学科用来融会自己的知识,而且每个人都会有这样的需求。如今,在这个已 90 多岁的老人眼中,管理学就是一项通才教育,就像 16 世纪训练那些人文主义者一样,在训练现代企业的管理者时,它既遵循了传统,又在此基础上引申出一股新潮流。

有一则关于兔子的寓言，说小兔子是奔跑冠军，可是它不会游泳。大家都认为这是小兔子的缺憾，于是小兔子的父母、老师强制训练小兔子学游泳。小兔子耗费了大半生的时间也没学会。智者猫头鹰说："何必勉强它呢，大家应该做的是让小兔子发挥它奔跑的特长。"故事的寓意就是告诉我们，与其穷尽心智和时间去改变一些瑕不掩瑜的缺点，以期达到所谓的完美，倒不如专注于个人的优点，创造条件施展所长。

人生箴言

如果用错了地方，宝贝也会成为废物。只有集中精力发挥自己的优势，扬长避短，才能在事业上取得应有的成功。

把缺点转化成机会

　　曾长期担任菲律宾外长的罗慕洛穿上鞋时身高只有 1.63 米。以前，他也与其他人一样，为自己的身材而自惭形秽。年轻时他也穿过高跟鞋，但这种方法终令他不舒服——精神上的不舒服，他感到这实在是自欺欺人，于是便把它扔了。后来，在他的一生中，他的许多成就却都与他的"矮"有关，也就是说，身高不仅没有妨碍他的事业，反倒促使他更快地成功，以至他说出这样的话："但愿我生生世世都做矮子。"

　　1935 年，大多数的美国人尚不知道罗慕洛为何许人也。那时，他应邀到圣母大学接受荣誉学位，并且发表演讲。那天，高大的罗斯福总统也是演讲人，事后，他笑吟吟地怪罗慕洛抢了美国总统的风头。更值得回味的是：1945 年，联合国创立会议在旧金山举行，罗慕洛以无足轻重的菲律宾代表团团长身份应邀发表演说。讲台差不多和他一般高。等大家静下来，罗慕洛庄严地说出一句："就让我们把这个会场当作最后的战场吧。"这时，全场登时寂然，紧接着爆发出一阵热烈的掌声。最后，他以"维护尊严、言辞和思想比枪炮更有力量……唯一牢不可破的防线是互助互谅的防线"结束演讲时，全场再次响起了暴风雨般的掌声。后来，他在谈发言感受时分析：如果大个子说这番话，听众可能客客气气地鼓一下掌，但菲律宾那时离独立还有一年，自己又是矮子，由他来说，就有意想不到的效果。从那天起，小小的菲律宾在联合国中就被各国当作会员国看待了。

这件事给了罗慕洛很大启发，他从此不再自卑，并认为矮子比起高个子来，有着天赋的优势。因为矮子起初总被人轻视，一旦有了一点儿表现，别人就会觉得出乎意料，不由得佩服起来。在人们心目中，来之不易的成绩，更值得格外地尊重。后来，罗慕洛的工作一帆风顺，以致原本平常的事，一经他手，就似乎成了石破天惊之举。

有一位哲学家说："假如你有缺点，要把它变成优点，充分利用。如果你有优点，不要误用，否则反而会变成缺点。"而下面这个故事更能直观地说明这个道理。

一个挑水工有两个水罐，一个水罐有一条裂缝，而另一个水罐完好无损。完好的水罐总能把水从远处的小溪运到主人的家，而那个破损的水罐，到达目的地时，里面只剩下半罐水了。因此，挑水人每次回到主人家时，只有一罐半水。

那个完好的水罐不仅为自己的成就，更为自己的完美感到骄傲。但那只可怜的有裂缝的水罐因自己天生的裂痕而感到很惭愧，心里一直很难过，觉得对不起挑水人。两年后的一天，它在小溪边对挑水人说："我为自己感到惭愧，我想向你道歉。"挑水人问："你为什么要感到惭愧？"水罐答道："在过去的两年中，在从小溪到主人家的路上，水从我的裂缝中渗出，我只能运半罐水。你尽了自己的全力，却没有得到你应得的回报。"挑水人听后说："在我们回主人家的路上，我希望你注意小路旁那些美丽的花儿。"

当他们再上山时，那个破水罐看见太阳正照着小路旁边美丽的鲜花，这美好的景物使它感到一丝快乐。挑水人说："难道你没有注意到刚才那些美丽的花儿只长在你这边，并没有长在另一个水罐那边？那是因为我早知道你的裂缝，并且利用了它。我在你这一边撒下了花种，于是每天我们从小溪边回来的时候，你就浇灌了他们。两年来，我一直用这些美丽的花去装饰我主人的桌子。如果没有你，主人不会有这么美丽的花朵美化他的家。"

人生箴言

纵然存在一些缺点，仍有成功的机会。只要你肯于承认自己的缺点，并积极、努力地去超越缺点，那么你甚至可以把它转化为发展自己的机会。

缺陷也会绽放耀眼的光芒

从前，一只圆圈缺了一块楔子。它想保持完整，便四处寻找那块楔子。由于不完整，所以它只能慢慢地滚动。一路上，它沐浴着温暖的阳光，欣赏着争奇斗艳的花儿，与蠕虫谈天说地。圆圈找到了许多不同的楔子，但没有一个与它相配。终于有一天，它找到了一个完美的配件。圆圈是那样地高兴，现在它可以说是完美无缺了。它装好配件，并开始滚动起来。现在它可以说是完美的圆圈，所以滚动得非常快，以至于难以观赏花儿，也无暇与蠕虫互诉心声。当圆圈意识到因疾驰而失去了原有的乐趣时，它不禁停了下来，将找到的配件弃置路旁，又开始慢慢地滚动。

人生的完整性在于知道如何面对缺陷，如何勇敢地摒弃不现实的幻想而又不以此为缺憾。人生的完整性还在于学会勇敢地面对人生悲剧，在挫折面前不低头而继续生活下去。

美国总统罗斯福就是一个勇敢面对缺陷的人。罗斯福小时候是一个脆弱胆小的学生，在学校课堂里总显露出惊惧的表情。他呼吸时就好像喘大气一样。他如果被喊起来背诵，双腿会立即发抖，嘴唇也颤动不已，回答起问题含含糊糊、吞吞吐吐，然后颓然地坐下来。由于牙齿的缺陷而导致的自己那难看的形象始终在他心头挥之不去。

像他这样的小孩通常都十分敏感，常会回避同学间的任何活动，不喜欢交朋友。久而久之，就会成为一个自卑的人！然而，罗斯福虽然有这方面的缺陷，但却有着奋斗的精神——一种任何人都可具有的奋斗精神。事实上，缺陷促使他更加努力奋斗。他没有因为同伴对他的嘲笑而失去勇气。他把喘气改变成了一种坚定的嘶喊。他用坚强的意志，咬紧自己的牙床，使嘴唇不再颤动，让意志更加坚强，从而克服了他的恐惧心理。

没有一个人能比罗斯福更了解自己，他清楚自己身体上的种种缺陷。他从来不欺骗自己，他正视自己的缺陷，然后用行动来证明自己可以克服障碍，并取得成功。

凡是他能克服的缺点他便克服，不能克服的他便加以利用。通过演讲，他学会了如何利用一种假声来掩饰他那无人不知的龅牙，以及他的打桩工人的姿态。虽然他的演讲并不具有任何惊人之处，但他不因自己的声音和姿态而退缩。他没有洪亮的声音或是威严的姿态，他也不像有些人那样具有惊人的辞令，然而在当时，他却是最有力量的演说家之一。

由于罗斯福没有在缺陷面前退缩和消沉，而是充分、全面地认识自己，在意识到自我缺陷的同时，能正确地评价自己，在顽强之中抗争，不因缺憾而气馁，甚至将它加以利用，变为资本、变为扶梯，他最终登上了人生的巅峰。在晚年，已经很少有人知道他曾有过的严重缺憾。

金无足赤，人无完人。著名的维纳斯雕像虽然断了一双手臂，表面看起来残缺不全，但却倾倒无数人，并被奉为艺术至尊。可见，缺陷并不是错误或缺点，它最多也只不过是缺憾。而缺憾，有时却能带给我们另一种美的震撼。

人生箴言

缺陷并不可怕，只要勇敢面对，缺陷也能使人生绽放出耀眼的光芒。

绊脚石和垫脚石

一个走夜路的人绊到一块石头，重重地摔倒了。他爬起来，揉着疼痛的膝盖继续向前走。

他走进了一个死胡同。前面是墙，左面是墙，右面也是墙。前面的墙刚好比他高一头，他费了很大力气也攀不上去。忽然，他灵机一动，想起了刚才绊倒自己的那块石头，为什么不把它搬过来垫在脚底下呢？想到就做，他折了回去，费了很大力气，才把那块石头搬了过来，放在墙下。踩着那块石头，他轻松地爬到了墙上，轻轻一跳，就越过了那堵墙。

逆境人人都会遇到，但是很多人被绊脚石绊倒以后就再也爬不起来了，更不会化不利为有利，将绊脚石变成垫脚石，越过人生的一道道障碍。只有那些善于将绊脚石变成垫脚石的人，才更容易获得成功的机会。

1957 年，在美国芝加哥一个全国博览会上，赫赫有名的大老板、57 岁的罐头食品公司经理汉斯把他生产的罐头食品送去展览，但博览会却分给他一个最偏僻的阁楼作为展台。

汉斯没有怨天尤人，而是沉着冷静地张罗着，并以他那灵活的头脑和强烈的自信心影响着事态的发展。

博览会开幕后，前来参观的人络绎不绝，而到汉斯阁楼上去的却是寥寥无几。第三天，前来参观的人常常能从地上拾到一些小小的铜牌，铜牌上刻着一行字：谁拾到这枚铜牌，就可以到博览会的阁楼上——汉斯食品陈列处——换取一件纪念品。

这一招果然厉害，不久，那间小小的阁楼便被挤得水泄不通，汉斯的陈列处几乎成了大会的"名胜"，参观者无不争相前往，即使后来铜牌绝迹，盛况仍然不减，大家都想看看那里究竟发生了什么、汉斯食品有何与众不同之处。这么一来，汉斯食品成了热门货，博览会期间获利 50 万美元。聪明的汉斯面对绊脚石，没有失望气馁，而是积极化不利为有利，终于出奇制胜。

人的一生会遭遇到很多绊脚石，或来自外部环境，或来自自身缺陷。但不管是什么样的绊脚石，只要你不被它吓倒，而是勇敢地面对它、利用它，绊脚石就可能为你所用。

玛里琳曾担任过教师并当上选美皇后，目前是加州佛瑞斯诺市的成功商人。她在 29 岁那年玩儿滑翔翼失事而坠落悬崖，虽侥幸不死，但腰部以下瘫痪，终身离不开轮椅。

玛里琳本该为此遭遇而自怨自艾，不再抛头露面。但是她没有这样，而是去注意横在她面前的诸多可能，决意找出这场悲剧背后的机会。她首先从自己坐着的轮椅着手，设想让更多的瘫痪者拥有一部更好的轮椅，以尽量扩大自己的活动空间。于是她召集两位建造滑翔翼的朋友，开始制作新轮椅的样品。新式轮椅推向市场后大受欢迎，于是他们于 1981 年成立了自己的公司，专门生产这种新式轮椅，并为自己的公司取了一个好听的名字，叫"动作设计"公司。目前该公司年营业额达数百万美元，经销店超过 800 家，荣膺加州中小企业楷模。

人生箴言

不利因素是绊脚石还是垫脚石，只在于你如何利用。用得不好，就是绊脚石；用得好，就是垫脚石。

不必苛求完美

　　有位伟大的雕刻家，他的技艺十分精湛，每当他完成一座雕像时，人们都难以区分哪个是真人、哪个是雕像。有一天，占卜师告诉雕刻家他的死期即将来临。雕刻家非常伤心，想到死亡他不禁害怕起来，就像所有人一样，他也想逃避这个可怕的阴影。他静心思索了几天，最后想到一个方法——他做了十一个自己的雕像。当死神来敲门时，他藏在那十一个雕像之间，屏住了呼吸。

　　死神感到困惑了，眼睛无法辨别哪个才是他要领走的人，这种事可从未发生过！死神不相信世上会有两个完全一样的人，因为上帝从来不相信任何惯例，他创造的东西都是唯一的。

　　这到底是怎么回事？现在不是一个，而是十二个一模一样的人，他该带走哪一个呢？他只能带走一个……死神无法作出决定。带着困惑回去后，他问上帝："你到底做了什么？居然会有十二个一模一样的人，而我要带回来的只有一个，我该如何选择？"

上帝微笑着把死神叫到身旁，在死神耳旁轻声说了一个方法，一个能够在赝品之中找出真品的方法。他给了死神一个秘密暗号，他说："你到那个艺术家藏身于雕像间的房间里，说出这个暗号。"

死神问："真的有用吗？"上帝说："别担心，你试了就知道。"

带着怀疑的心情，死神去了。他进了房间，往四周看了看，说："先生，一切都非常完美，只有一件小事例外。你做得非常好，但你忘记了一点，所以仍然有个小小的瑕疵。"

雕刻家完全忘记自己得躲起来一事。他跳了出来问："什么瑕疵？"

死神笑着说："抓到你了吧，这就是瑕疵——你无法忘记你自己，天堂都没有完美的东西，何况人间。别废话了，跟我走吧！"

是啊，连天堂都没有完美的东西，何况人间？

当你对一件事追求完美的时候，其实已经犯了错误。因为你生命的长度是有限的，为了追求完美的爱人、完美的朋友、完美的工作、完美的老板，你将浪费掉最宝贵的时间——那点本来就少得可怜的时间。最后你肯定还要把大量时间花在唏嘘感叹上，感叹完美真的好难。这不就得不偿失了吗？

有位渔夫就犯了上述错误，当他后悔时一切都晚了。事情是这样的：一天，渔夫从海里捞到一颗晶莹圆润的大珍珠，爱不释手。但是美中不足的是珍珠的上面有个小黑点。渔夫想，如能将小黑点去掉，珍珠将变成无价之宝。可是渔夫剥掉一层，黑点仍在；再剥一层，黑点还在；一层层剥到最后，黑点没有了，珍珠也不复存在了。

其实，有黑点的珍珠不过是白璧微瑕，正是其浑然天成不着痕迹的可贵之处，如同"清水出芙蓉，天然去雕饰"——美在自然，美在朴实，美得真切。而渔夫想得到美的极致，在他消除了所谓的不足时，美也消失在他追求完美的过程中了。美真正的价值往往不在于它的完整，而在于那一点点的残缺，如同丧失双臂的维纳斯给人无限遐思。

在现实生活中，对人、对事、对自己都不宜过于苛求。否则，最终只能让自己成为孤立的人，生活在焦灼和怀疑之中。生活的目的在于发现美、创造美、享受美，而不该盯着不完美、不理想的事物苦苦折磨自己。

一旦我们停止因不完美而责备自己，我们将会赋予自己无限的自由。我们不仅可以学会接纳自己的小过失，而且还可以将它们（要是它们没有太大危害的话）视为我们独有的、惹人喜爱的一部分。

人生箴言

别再苛求完美，勇于接纳瑕疵，不完美的你或许就是最真实的你。那么，你对别人、对其他事情就有了豁达的心境。

第三篇

不要给自己逃避的借口

条件是可以努力创造的

阿杰是个普通的年轻人，大约二十几岁，是一家公司的普通职员，有太太和小孩，收入并不多。

他们全家住在一间小房子里，夫妇两人都渴望有一套自己的新房子。他们希望有较大的活动空间、比较干净的环境、小孩有地方玩儿，同时也添置一份产业。

买房子的确很难，必须有钱支付分期付款的首付款才行。有一天，当他交下个月的房租时，突然很不耐烦，因为房租和新房子每月的分期付款差不多。

阿杰跟妻子说："下个礼拜我们就去买一套新房子，你看怎么样？"

"你怎么突然想到这个？"妻子问，"开玩笑！我们哪有这个能力！可能连首付款都付不起！"

但是阿杰他已经下定决心："跟我们一样想买一套新房子的夫妇

大约有几十万，其中只有一半能如愿以偿，一定是有什么事情才使他们打消这个念头。我们一定要想办法买一套房子。虽然我现在远不知道怎么凑钱，可是一定要想办法。"

一个礼拜后，他们真的看中了一套两人都喜欢的房子，这套房子既简洁又实用，首付款是8万元。现在的问题是如何凑够8万元。

皇天不负有心人，阿杰突然有了一个灵感：为什么不直接找承包商谈谈，向他私人贷款呢？阿杰真的这么做了。承包商起先很冷淡，但由于阿杰的一再坚持，终于同意了。他同意阿杰把8万元的借款按月归还，每月还2000元，利息另外计算。

现在阿杰要做的是，每个月凑出2000元。夫妇两个想尽办法，一个月也只能省下1000元，还有1000元要另外设法筹措。

这时阿杰又想到另一个点子。第二天早上他直接跟老板解释这件事，他的老板也很高兴他要买房子了。

阿杰说："老板，你看，为了买房子，我每个月要多赚1000元才行。我知道，当你认为我值得加薪时一定会加，可是我现在很想多赚一点钱。公司的某些事情可能在周末做更好，你能不能答应我在周末加班呢？有没有这个可能呢？"

老板被他的诚恳和雄心所感动，真的找出许多事情给他做，让他能在周末工作10小时。他们终于可以欢欢喜喜地搬进新房子了。

连首付款都不够，而且此后的分期付款也没有切实的保障，就想买房子，这对很多人来说是不切实际的想法，他们会认为这简直是将自己往绝路上逼。但阿杰的例子告诉我们，事在人为，条件是可以创造的，所谓的实际困难不过是安慰自己的借口。

而生活中，像这样需要创造条件去做的事实在太多了。如果你总是因为没钱、学识不够、没有经验等等而放弃努力，就会失去很多成就自己的机会。

　　有一位职员，他所在的公司决定成立国际贸易部，老板想调他去并委以重任，问他会不会英语，朋友很没底气地说："这些年没用，大学里学的估计都忘了。"老板又去问另一个职员，那位职员和前者一样，在学校学的英语也忘得差不多了，但他很肯定地说："没问题，我有基础，重新学会很快的。"于是公司将他调到了贸易部。他迅速报了名重新去强化英语。1年后，由于工作出色，他被提拔为部门副经理。而前面那位职员依然在原来的部门做着普通的工作，他为自己失去一次很好的锻炼机会而后悔不已。

　　不管是工作还是生活，许多事不可能等到条件全部具备才去做，因为时不我待，如果非要等所有的条件都成熟了才去行动，那么你也许得永远等下去。

　　1973年，克莱特考进了美国哈佛大学，常和他坐在一起听课的是一个18岁的美国小伙子。大学二年级那年，美国小伙子和克莱特商议一起退学，去开发32bit财务软件，因为新编教科书中已经解决了进位制路径转换问题。当时，克莱特感到很吃惊，因为他是来这儿求学的，不是来闹着玩儿的。再说，对32bit系统，墨尔斯教授才教了点皮毛，要开发32bit财务软件，不学完大学的全部课程是不可能的。他委婉地拒绝了小伙子的建议。

　　10年后，克莱特成为哈佛大学计算机系bit方面的博士研究生，那位退学的小伙子也在这一年进入美国福布斯杂志亿万富翁排行榜。1992年，克莱特继续攻读博士后，那位美国小伙子的个人资产则仅次于华尔街大亨巴菲特，达到65亿美元，成为美国第二富翁。1995

年，克莱特认为自己已经具备了足够的学识，可以研究和开发 32bit 财务软件了，而那位小伙子则已经绕过了 bit 系统，开发出 bip 财务软件，它比 bit 快 1500 倍，并且在两周之内占领了全球市场，这一年他成了世界首富。一个代表成功和财富的名字——比尔·盖茨，也随之传遍了世界。

没有人会为你的成功准备好一切条件，只有自己努力去创造条件，才有成功的可能。

人生箴言

面对困境、面对挑战，与其找借口逃避，不如创造条件去克服它、战胜它。

从失败中找教训而不是找借口

"我在这儿已做了 30 年，"一位员工抱怨他的老板没有给他升迁的机会时说，"我比你提拔的许多人多了 20 年的工作经验。这是凭什么呢？"

"不对，"老板说，"你只有一年的经验，你从自己的错误中没学到任何教训，你仍在犯你第一年刚做时的错误。"

不能从失败中学到教训是悲哀的！即使是一些小小的错误，你都应当从中学到些什么。

"我们浪费了太多的时间，"一位年轻的助手对爱迪生说，"我们已经试了 2 万次了，仍然没找到可以做白炽灯丝的物质！"

"不！"爱迪生回答说，"我们的工作已经有了重大的进展。至少我们已知道有 2 万种不能当白炽灯丝的东西。"

这种精神使得爱迪生终于找到了钨丝，发明了电灯，改变了历史。

错误带给我们的损失是否非常严重，往往不在于错误本身，而在于犯错者的态度。能从失败中获得教训的人，就能把错误所造成的损失降至最低。

英国人索冉指出："失败不该成为颓废、丧志的原因，应该成为新鲜的刺激。"唯一避免犯错的方法是什么事都不做，有些错误确实会造成严重的影响，所谓"一失足成千古恨，再回头已是百年身"。然而失败为成功之母，没有失败，没有挫折，就无法成就伟大的事。

聪明人会从失败中学到教训。而失败者却是从失败中找借口，因而常常重复同样的错误，却不能从其中获得任何经验。

面对失败时的两种选择，决定了你往后的成功与否：一个是为了下一次的成功去总结失败的教训，并找出切实可行的方法；另一个是为自己的失败找寻一大堆借口与理由，来解释自己的失败，好像失败总是别人的过错，和自己无关，这种怨天尤人、推卸责任的态度是在逃避现实。

有的人不停地跳槽换公司，每一次总是满怀信心地开始，但一旦业绩不好，就怪公司不好，或是怪训练不好，或是怪产品太贵不好卖，或是怪顾客太低级没水平，或是说到了一个新市场，环境不熟，朋友不多，知名度不够等等，从不检讨自己到底有什么过错，最终跳来跳去也没有干出什么成绩。

排除一切借口，身体力行，为成功找方法，不为失败找理由，这才是迈向成功的基本态度。

在每一次未能达成理想结果时，一定要进行研究，不断找寻新的方法来实践，不断修正自己的步伐，调整自己的思路，才能一次比一次更进步、更理想。

　　没有人能尝试一次就成功，做每一件事都有犯错的可能，但推卸责任却是错上加错。面对错误，别人可以原谅、宽容你，你自己却不能轻易放过自己，不能只顾自己而寻找借口开脱，必须找到错在哪里，避免重复犯错。

勇敢地承认错误

两个年轻人因一念之差，一起去偷羊，结果双双被当场抓获。

当地人按照规矩，在他们的额头上烙上了英文字母 ST，即偷羊贼（Sheep Thief）的缩写。

其中一个年轻人无法承受内心的羞辱感，无法顶着这两个字母在家乡生活，便远走他乡。但他额头的字母总是引来别人好奇的询问，这使他痛苦不堪，一直生活在郁郁寡欢之中。

另一个年轻人开始时也为自己头上的字母所折磨，内心充满了悔恨，但他再三考虑后选择了留下，他决心以自己的实际行动来洗刷这份耻辱。

随着时间的流逝，选择留下的年轻人为自己赢得了良好的声誉。当他年老时，好奇的旅客问当地人，这两个字母是什么意思。当地人说："可能是圣徒（Saint）的缩写吧。"

人非圣贤，总会有犯错误的时候，可怕的不是错误本身，而是对待错误百般抵赖、死不认账的恶劣态度，让人想原谅他都找不到理由。为自己的错误辩护开脱，是人的本能，也是人性的弱点，但这实在是愚蠢至极的行为，只能让别人对你的品行更加怀疑，唯恐避之而不及。勇于承认自己错误的人，反倒能够获取别人的谅解和信任。

在人际交往中，尤其是发生冲突时，这种勇于认错的精神更加难能可贵，它不仅能使剑拔弩张的局面得到缓解，而且因为其宽广的胸怀，勇于认错者会赢得别人更多的信任和尊敬。

有一次，著名演讲与口才专家卡耐基先生带着自己喜爱的小狗到公园散步，迎面碰到了一位巡逻的警察，他心中一怔：这次要有麻烦了。

卡耐基先生用了迅速真诚地承认错误的策略，不等警察开口就先说："警察先生，你已当场抓住了我，我犯了法没有借口了，上个星期你曾警告过我，再带小狗出来而不戴口罩你就要罚我。"

警察竟温和地笑道："哦，我知道，在没有人的时候，谁都忍不住带这么一只可爱的小狗出来。你已经承认了错误，这很好。这样吧，把小狗带过那小山，到我看不见的地方就算了。"

看，勇于承认错误不会让你损失什么，只会赢得别人的好感和谅解。

错误对我们来说是不可避免的。有了过错，我们应该勇敢地面对它，不要试图逃避自己应承担的责任。我们应将承认错误、担负责任植根于内心，让它成为我们脑海中一种强烈的意识和人生的基本信条。

华盛顿是美国人民心目中的英雄。他领导了美国独立战争，是美利坚合众国的创立者之一，1789 年当选为美国第一任总统。他为人正直，品德高尚，深受美国人民爱戴。为了纪念他的功绩，美国的首都以他的名字命名。

华盛顿出生在一个大庄园主家庭，家中有许多果园。果园里长满了果树，但其中夹着一些杂树。这些杂树不结果实，影响了其他果树的生长。一天，父亲递给华盛顿一把斧头，要他把影响果树生长的杂树砍掉，并再三叮嘱，一定要注意安全，不要砍着自己的脚，也不要砍伤正在结果的果树。在果园里，华盛顿挥动斧子，不停地砍着。突然，他一不留神，砍倒了一棵樱桃树。他害怕父亲知道了会责怪他，便把自己砍下来的所有的树堆在一块儿，将樱桃树遮盖起来。

傍晚，父亲来到果园，看到了地上的樱桃，就猜到是华盛顿不小心把果树砍断了，尽管如此，他却装作不知道的样子，看着华盛顿堆起来的树说："你真能干，一个下午不但砍了这么多树，还把砍断的杂树都堆在了一块儿。"听了父亲的夸奖，华盛顿的脸一下子红了。他惭愧地对父亲说："爸爸，对不起，只怪我粗心，不小心砍倒了一棵樱桃树。我把树堆起来是为了不让您发现我砍断了樱桃树。我欺骗了您，请您责备我吧！"

父亲听了之后哈哈大笑，高兴地说："好孩子！虽然你砍掉了樱桃树，应该受到批评，但是你勇敢地承认了自己的错误，没有说谎或找借口，我就原谅你了。你知道吗？我宁可损失掉一千棵樱桃树，也不愿意你说谎逃避责任！"华盛顿不解地问："承认错误真的那么珍贵吗？能和一千棵樱桃树相比？"

父亲耐心地说："敢于承认错误是一个人最起码的品德。只有敢于承担责任的人才能在社会上立足，才能取得别人的信任。看到你今天的表现，我就放心了。以后把庄园交给你，你肯定会经营好的。"

本着父亲的教导，华盛顿一生都把勇于承担责任作为人生的基本信条。后来，这个故事传遍了整个美国，也影响了一代又一代的美国人。责任已经成为描述美国人的一个不可或缺的词。

很多人犯错误的时候往往会找寻各式各样的借口，试图逃避自己所应承担的责任，试图安慰自己内心的愧疚。如果你如愿地做到了，那么你很可能会第二次犯同样的错误，并会再次找到更好的借口。但谁能信任一个屡犯错误而借口不断的人？又有哪个老板能够信任并提拔这样的员工？

人生箴言

请在一开始的时候就将寻求借口的路堵死，勇敢地面对错误，承担责任，这样做会让你更加优秀！

责任就是对自己的信任

责任究竟是一种什么样的东西呢？害怕它的人视其为千斤重担，利用各种借口去推卸对它的承担；而直面它的人敢于用肩膀扛起它，获得的是心灵上的轻松。

那是一个周日的下午，风很大，乔大夫一家人驾车行驶在公路上。突然，一幅惊人的画面闯入他们的视野：在公路右侧的旷野中，一个中年残疾人正从他的轮椅上扑向一大片报纸。报纸在空中飞舞，狂风将报纸吹得到处都是。他不能站立，只能在地上爬行。他努力想去抓住那些报纸，可风实在是太大了，他的腿又有残疾，转眼间，旷野中到处都是报纸。他费了很大力气才捡到了几张报纸。乔大夫停了车，他的儿子在后面喊道："爸爸，我们去帮帮他吧！"一家人迅速下了车，然后一起冲过去帮忙。

风很大，乔大夫一家人四处奔跑，捡拾着地上和空中的报纸。当报纸差不多捡拾完的时候，乔大夫一家围拢在那个残疾人的周围，想知道发生了什么事。

儿子问那个残疾人："这些报纸散开了，你为什么要捡回它们啊？"中年人挣扎着坐回到轮椅上，一只手臂抖个不停，好像也有残疾。他说："老板让我把几捆报纸送给客户，等我到地方的时候发现缺了一捆，急忙回来沿途寻找。当我来到这里时，我简直不敢相信自己的眼睛，报纸飘得满地都是。"

乔大夫问道："你打算一个人把这些报纸捡起来吗？"中年人很奇怪地望着他，点点头说道："当然，我必须这样做。这是我的责任！"

试想，一个双腿残疾的人，匍匐在狂风肆虐的旷野中，与自己的命运搏斗，尽管他很难有胜算，但却没有向困难低头，这不能不让人感到震撼。这个躯体残疾的中年人，实际上拥有着健康的责任心。

在我们身边，有很多人对担负责任怀有恐惧感。他们把承认错误、担负责任与接受惩罚画上了等号。他们只愿意对那些运行良好的事情负责，却不情愿对那些出了偏差的事情负责任，总是寻找各式各样的理由和借口来为自己开脱。比如：工作业绩不理想，那么一定是老板领导无方、相关部门不配合或经济形势不好；汽车半路抛锚，那一定是汽车厂家不对，产品质量不过关；老板不喜欢你，一定是他不懂得欣赏你……

这种思维将导致怎样的结果呢？一旦出现问题，不是积极地、主动地寻找问题的原因，而是将精力都浪费在了毫无意义的推诿扯皮上，最终，势必一事无成。借口提供的避难所，也许能够换取别人的同情与理解，却对解决问题毫无益处。如果一个人不懂得承认错误、承担责任，不知道失败当中都蕴含着成功的因素，就不会从错误、失

遇见内心强大的自己

败中学习和完善自己，也就不会有所感悟，很可能被同一块石头再次绊倒。

　　为自己的过错开脱，让寻找借口成为习惯，还会让一个人和周围的其他人难以形成合作关系。因为这种行为降低了人的社会性，使人变得软弱无力。是的，肩负责任是困难的；然而，承担责任给你的回报，将是长期的自信、被尊重和有力量的感觉。勇于承担责任是对自己最大的信任。

人生箴言

　　面对错误，要让人们看到你如何勇敢地承担责任，如何从错误中吸取教训。只有这种态度，才能得到别人的尊敬和欣赏。

及时弥补你的错误

从前，有一个脾气很坏的男孩。他的爸爸给了他一袋钉子，告诉他，每次发脾气或者跟人吵架的时候，就在院子的篱笆上钉一根钉子。第一天，男孩钉了 37 根钉子。后面的几天他学会了控制自己的脾气，每天钉的钉子也逐渐减少了。他发现，控制自己的脾气，实际上比钉钉子要容易得多。终于有一天，他一根钉子都没有钉，他高兴地把这件事告诉了爸爸。

爸爸说："从今以后，如果你一天都没有发脾气，就可以在这天拔掉一根钉子。"日子一天一天过去，最后，钉子全被拔光了。爸爸带他来到篱笆边上，对他说："儿子，你做得很好，可是看看篱笆上的钉子洞，这些洞你一天不补，它就存在一天。就像你和一个人吵架，说了些难听的话，你就在他心里留下了一个伤口，像这个钉子洞一样。你有责任想办法去弥补它，事情还没有结束。"孩子终于明白，犯了错误，应该回头再想想这件事的起因，才有可能挽回损失。

对待错误，我们不应该回避。我们应该在我们发现自己错误的时候，马上想一想我们能做什么来弥补过错。事实上，很多时候，如果以积极的态度对待错误，尽力去改正错误，我们就不会遭受什么损失。而如果一味地掩盖、逃避错误，只能让错误向更大的错误发展。

掩盖错误也许能让你免受别人的责备，却会让你经受自己良心的折磨。曾有一个女孩，高中时伪装成男孩给一个长得不漂亮、比较自卑内向的女孩写情书，女孩信以为真，并从字迹上误以为是她所认识的一位优秀的男生写的。于是内向的女孩禁不住情感的煎熬，给这个优秀的男生写了一封情书，结果被这个男生当着所有同学的面撕掉了情书扔在自己的脸上，女孩因此受到严重的心理刺激，本来成绩不错的她学习每况愈下，最后没到高考就退学了。虽然没有人知道这件事是谁干的，但是这位搞恶作剧的女孩心里却一直为此感到内疚，直到15年后的高中同学聚会，她才鼓起勇气说出了事情的真相，当年的女孩原谅了她，幽幽地说："你为什么不早点说呢？如果知道是恶作剧，也许当时对我的伤害就不会那么深了，你也不至于负疚这么多年了。"

人生箴言

亡羊补牢的道理永远不会过时。及时弥补错误，可以避免更大的错误发生。所谓把握机会，就是认清错误的实质，重新开始。

永远不要说不可能

对一个健康的人来说，身体残疾是一件难以想象的事情——没有脚怎么奔跑，没有手臂如何投掷？不要说参加体育运动了，就连正常的生活都是个问题。汤姆·邓普就是这样一个人，他生下来的时候只有半只脚和一只畸形的右手。你认为这种人可以打橄榄球吗？看起来好像是不可能的，然而汤姆·邓普并没有放弃。他请人为自己专门设计了一只鞋子，然后穿着它参加了踢球测验，并且得到了冲锋队的一份合约。在以后的比赛中，汤姆·邓普不断地创造奇迹，终于成为一名著名的职业橄榄球运动员。

确实，书本上的知识和别人的经验告诉我们，"某些事是不可能的，人必须面对现实"。但是，如果不去尝试，我们就没有真正地面对现实，也就无法证明哪些事是不可能的。

自然界中有一种有趣的生物叫大黄蜂，吸引了许多生物学家、物理学家、社会行为学家去研究它。生物学家认为会飞的动物必然是体态轻盈、翅膀十分宽大的，而大黄蜂身躯笨重、翅膀出奇地短小，依据这个理论，大黄蜂是绝对飞不起来的。物理学家认为，大黄蜂的身体与翅膀的比例，从流体力学的观点来看，同样是没有飞行的可能。但，实际情况是，只要是正常的大黄蜂，没有一只是不能飞的，而且它飞行的速度并不比其他飞行动物差。最后，社会学家说，大黄蜂根本不懂生物学和流体力学，它只知道，它必须飞起来去觅食，才能不被饿死，这或许就是大黄蜂能飞的奥秘吧。所以，永远也不要随随便便就说出"不可能"这三个字，去尝试、再尝试，你就会发现奇迹。

对于变不可能为可能，拿破仑·希尔曾经用过一种奇特的方法。年轻的时候，拿破仑·希尔梦想着当一名作家。要达到这个目标，必须精于遣词造句，字词将是必不可少的工具。但由于他小时候家里很穷，没有能够接受很好的教育，因此，"善意的朋友"就告诉他，他的雄心是"不可能"实现的。

拿破仑·希尔存钱买了一本最好的、最完全的、最漂亮的字典。他所需要的字都在这本字典里面，而他的想法是要完全了解并掌握这些字。他做了一件奇特的事，他找到"不可能（impossible）"这个词，用小剪刀剪下来丢掉。于是他有了一本没有"不可能"的字典。以后他把他的整个事业都建立在这个前提之上——对于一个想要成长而且要成长得超过别人的人来说，没有任何事情是不可能的。

美国通用汽车公司曾收到一封信，一位客户在信中抱怨道："我们家每天在吃完晚餐后都会以冰淇淋来当饭后甜点。冰淇淋的口味很多，家里人意见不一，只有投票才能决定吃哪一种口味，大家决定之后我就开车去买。但自从最近我买了一部新车庞帝雅克后，问题就发生了。每当买的冰淇淋是香草口味时，我从店里出来后车子就发动不了。但如果买的是其他的口味，车子发动就很顺利。"

看到这封信的人不免都笑出声来，认为这简直是胡说八道。但是，通用公司的总经理却很重视这件事，专门派了一位工程师去查看究竟。

第一晚，巧克力冰淇淋，车子没事。第二晚，草莓冰淇淋，车子也没事。第三晚，香草冰淇淋，车子果然发动不了了。

真的会有这种怪事！工程师记下了整个过程的详细资料，如路程、车子使用的油的种类、车子开出及开回的时间……他有了一个结论，这位顾客买香草冰淇淋所花的时间比其他口味的要少。

因为香草冰淇淋是所有冰淇淋中最畅销的，店家为了让顾客方便，将其陈列在单独的冰柜中，放置在店的前端，而其他口味的则放置在距离收银台较远的后端。

那么这又和车子发动不了有什么关系呢？工程师找到了答案，问题出在"蒸气锁"上。顾客买其他口味时，花费的时间较长，汽车引擎有足够的时间散热，重新发动时就没有问题。但是买香草口味时，由于花的时间较短，"蒸气锁"没有足够的散热时间，所以发动不了。

通用汽车公司通过这件看似根本不可能发生的小事情，发现了汽车设计上的小问题，也圆满解答了顾客的疑问。结果可想而知，自然是顾客满意，通用汽车赢得了技术进步和市场荣誉。

人生箴言

把"不可能"这个观念从你的心里剪掉，任何情况下都不要说"不可能"，只有去做，才知道可能还是不可能。

真正妨碍你的并非环境

当一些问题出现在我们身上的时候，有的人会认真反省自己，寻找问题的症结；有的人却把目光放在了别处，埋怨别人干扰了他。陆先生对原工作单位的氛围不满意，辞职后来到一家著名的跨国公司应聘。面试官首先询问他的问题便是："你为何离开原来的单位？"陆先生直率地回答："由于原公司的工作氛围不理想，影响了我的工作热情，希望换个工作环境，发挥自己的实力。"最终，这家跨国公司没有录用他。

后来，陆先生又相继应聘了好几家公司，结果都是无功而返。陆先生百思不得其解，一向自认为优秀、有能力的他，为何会屡屡遭到拒绝呢？于是，他找到了自己的好朋友，道出了心中的疑问。

所谓"当局者迷，旁观者清"。陆先生的朋友一下子就看到了问题的所在，并告诉他，人家并不怀疑他的工作能力和实力，而是对他离开原公司的原因存有顾虑。

朋友说："当问题产生时，你首先把责任归到环境上，也就是说你是在找客观原因，而你的主观有没有问题呢？对这一点的忽略，恰恰表明你适应环境的能力差，你对环境及公司氛围的融合度不够。如果你能积极主动地面对这个问题，所采取的办法应该是参与进去，把不好的氛围改变过来，同时自己主动去适应环境。但你却选择了逃避环境。"朋友的一席话终于解开了陆先生心中的疑窦。

"换个环境也许会好些。"这是很多人在工作不顺心或生活上遇到挫折时的反应。我们常常将困难或失败归结为环境不好，希望通过换个环境或结交新的朋友来改变尴尬的境遇，但是却缺少自我反省。人际关系的不顺畅或职场的不如意原本是件正常的事情，并不可怕，但如果不能从中找到原因的话，那就真是件可怕的事了。从这个意义上说，不断地转换环境、认识新朋友于事无补，只会浪费时间，对解决问题没有丝毫益处。

是你主动去适应环境、与环境和谐共存，还是去挑适应你的环境，这实在是一个值得深思的问题。毕竟，一个人一生的机会是有限的。

一个猎人在山林里打猎，双脚不堪石子和荆棘的刺痛，于是感叹说："要是山路上都铺上动物的毛皮多好啊！"妻子听见了，对他说："那为什么不用毛皮裹上你的双脚呢？"

我们每个人都工作、生活在一个复杂的人际环境中，做每件事情都要和包括亲人、朋友、领导、下属、同事、合作伙伴甚至竞争对手在内的各种各样的人打交道。在遇到困难、不如意的时候，要改变自己待人处事的态度和方法，换个角度思考，考虑如何适应环境，当自己没有能力改变环境的时候，那就不如改变自己。

鳄鱼为了适应环境的变化，由水生动物变为水陆两栖动物；海龟为了躲避险恶的环境，长出了龟壳；青蛙为了应对食物缺少与寒冷的威胁，学会了冬眠；变色龙为了保护自己学会了改变颜色。既然适应环境是所有生物的本能，为什么遇到问题时我们反而会忽略了这个本能呢？

人生箴言

环境对每个人都是公平的，环境不会主动地帮你成功或是让你失败，关键在于你是否能动地利用它还是消极地对抗它。

第三篇 不要给自己逃避的借口

没有理由跑在任何人后面

理查·派迪是赛车运动史上赢得奖项最多的选手。他第一次参加赛车就取得了很不错的成绩。他兴高采烈地回家向母亲报喜，冲进家门就喊道："妈！有 35 辆车参加比赛，我旗开得胜，得了第二！"他万万没有想到母亲竟冷静地回答："你输了！"

他很不理解地抗议道："妈！难道你不认为我第一次参加比赛，跑了个第二名是好成绩吗？要知道很多久经沙场的高手都参加了比赛呢。"

知子莫如母。母亲深知儿子还有很大的潜力，于是严厉地说："理查！你用不着跑在任何人后面！也没有理由跑在任何人后面！"

理查很快领悟了母亲的苦心：母亲是让他拿自己的成绩跟更高的目标去比，和自己的潜能去比，而不是和失败者去比。

那以后的 20 年，母亲的这句话鞭策着理查·派迪称霸赛车界。他的许多项纪录至今还没有被打破。每次参赛，他都默念着母亲教海的那句话——"理查！你没有理由跑在任何人后面！"

人生就是一场又一场的比赛，和自己比，和别人比。也许有人会说，既然只有一个人能得第一，我何必拼命？但如果你连"争第一"的勇气都没有，估计最后连参赛的资格都会失去。

拿破仑说："不想当将军的士兵不是好士兵。"说这话时，难道他不知道不可能所有的人都成为将军？不能当将军不是你的错，但以"反正不能当将军"为借口而不去努力而放任自己碌碌无为，这无疑就是你的错了。

著名美籍华人靳羽西女士被《财富》全球论坛上海年会称为"中国最有名的美国人"、被《纽约时报》称赞为"中国化妆品王国的皇后"、被《福布斯》称作"中国新形象的典范"。这些荣誉的得来，和她不甘人后的努力是分不开的。她4岁时开始学钢琴和芭蕾，每日从早到晚坚持苦练，获得了夏威夷杨伯翰大学的音乐硕士学位。但父亲对她说："你要做第一个进入宇宙空间的人，而不是第二个。没有人记得住第二个人的名字。"这条家训好像融进了她的血液中，使她的性格里充满了冒险精神，也使她在自己走过的路上留下了一个又一个"第一"。

"我认为我绝不可能成为鲁宾斯坦第二，既然我无法成为最好的，为什么还要去做呢？"大学毕业后，靳羽西毅然放弃了音乐。她做过酒店公关，和妹妹一起成立电视制作公司，1992年成立靳羽西化妆品（深圳）公司，开辟了一个全新的天地。到1998年，公司在国内年销售额已达3亿元人民币，并连续多年获得由国家统计局等发布的"全国商场销售第一""品牌知名度第一""消费者心目中最佳品牌第一"等一系列"第一"。美国《福布斯》评论说："她用一支又一支口红改变了中国人的形象。"1999年4月，她被授予"世界杰出女企业家"的荣誉称号。如果没有"做第一"的勇气和信念，她又怎能取得这样杰出的成绩？

一位有心的大学教授曾做过一项实验。12年前，他要求他的学生毫无顺序地进入一个宽敞的大礼堂，自己找个座位坐下。反复几次后，教授发现有的学生总爱坐前排，有的学生则盲目随意，四处都坐，还有一些学生似乎特别钟情于后面的位置。教授分别记下他们的名字。12年后，教授对他们的调查结果显示：爱坐前排的学生中，成功的比例高出其他两类学生很多。教授运用他的研究成果为某公司招聘人才，每每要求那些应聘者自己选择座位。有人问他凭什么独具慧眼识人才时，教授淡然一笑："其实，那些应聘者能力和实力相差无几，我哪里知道谁是千里马，我不过知道谁爱坐前排罢了。"

人生箴言

在漫长的人生中，保持永争第一的精神状态，才会不断进步，勇攀事业的高峰！

第四篇　机遇和挑战同在

机会可以创造

20世纪50年代，正当英国街头的青年以身穿奇特的黑色服装骑着摩托横冲直撞为时髦时，一位来自威尔士的年轻女子玛丽·奎恩特的服装设计使时髦青年的所谓时髦衣着变得微不足道了。

1934年，玛丽·奎恩特出生在英国威尔士的阿伯腊斯特威思。她是一个教师的女儿，16岁时到了伦敦，就读于伦敦金饰学院绘画系，毕业以后在女帽商埃里克的工作室里开始了她的设计生涯。她的设计对象，恰是当时还未引起人们注意的少女时装。当时女孩们的衣着毫无特色，通常是穿着母辈的老式衣服。玛丽说："我时常希望年轻人穿上她们自己所喜欢的衣服，它不是古板过时的，而应是20世纪真正的女装。但是，我知道这一工作尚未引起人们足够的关注。"

1955年，年轻的玛丽·奎恩特和丈夫亚历山大·普伦凯特·格林在伦敦著名的英王大道开设了第一家"巴萨"百货店。他们的服务对象是年轻女性，玛丽·奎恩特推出的第一件服装，就是后来名闻遐迩的"迷你裙"。虽然当时他们俩的产业极小，二人更属时装界的无名之辈，但这种微弱的震动，预示着服装界未来的强烈地震，这是具有划时代意义的一步。20世纪50年代的裙长徘徊在小腿肚上下，迪奥在1953年只不过将裙下摆剪短了若干英寸，在新闻界里就爆出一大冷门。而当时鲜为人知的玛丽·奎恩特，却以其激进的观点开始了新时期的服装革命。她当时的战斗口号是："剪短你的裙子！"

1965年，迷你裙和宇宙时代的青年女装风靡全球，玛丽·奎恩特进一步把裙下摆提高到膝盖上四英寸，英国少女的装扮一时成为令人羡慕和仿效的对象，其风格被誉为"伦敦造型"；到了60年代中期，"伦敦造型"跃升为国际性的流行样式。新时装潮流不可遏制，青年人狂热追捧迷你裙，中年女性也以惊羡的目光接受这一变革，多种不同的迷你风格装应运而生。

当前往美国进行访问的英国女王伊丽莎白乘坐的船只抵达纽约时，美英时装团体组织了迷你裙大型表演，轰动了全美。随后，即便是最保守的高级时装店，也悄悄地剪短了他们的裙子。50年前，一位著名的时装大师让·帕杜曾嘲笑短裙是"笨头脑创造出来的"，但是，半个世纪以后，人类服装史上首次出现了如此之短的裙子，玛丽·奎恩特赢得了属于她的胜利。

许多做出一番大事业的人，往往不是那些条件优裕的幸运儿，而是那些看似"没有机会"的人。例如，只有划水轮的福尔顿，只有陈旧的药水瓶与锡锅子的法拉第，只有极少工具的华特耐，用缝针机梭发明缝纫机的霍乌，用最简陋的仪器开创实验壮举的贝尔……正如培根所言："智者所创造的机会，要比他所能找到的多。"

在亚历山大打完一次胜仗后，有人问他，假如有机会，他想不想把下一个城邑攻占。"什么？"他怒吼起来，"即如没有机会，我也会制造机会！"亚历山大的气魄真是大得令人惊叹。

当然，人生的路往往崎岖坎坷，攀登高峰需要付出比别人更多的艰辛，不过命运总是给这样的人机会。只要你不屈不挠，主动迎接逆境的挑战，创造机会，以积极的人生态度过每一个难关，那么厄运就会给你让路，机遇也就随之而来。

人生箴言

所有大人物都是从小事上做起的，他们创造了机会，也创造了神奇。即便身处逆境的人，也同样可以为自己创造机会。正如法国细菌学家尼科尔所言："机遇垂青那些懂得怎样追她的人。"

每天清晨的一壶水

世上的每一个人和每一件事物，都有瑕疵和缺陷。一如世上没有完美的人一样，也没有完美的生物。你可以见到极吸引人的人、创造力丰富的人、非常有魅力的人，但却没有完美的人。同样的，在大自然中，有香气扑鼻的玫瑰，有花瓣娇艳欲滴的玫瑰，也有匀称美丽的玫瑰，但却没有完美的玫瑰。

生命教导我们，所有的生物都是宝贵的，而且自有其贡献——即使不完美。爱默生说："何谓野草？野草就是用处尚未被发现的植物。"众生万物均有其自己的表现、自己的能力、自己的技巧、自己的生活方式。

正是因为不是天天都有如诗如画的天气，我们才能感受雨天漫步的浪漫；正是有了那些不太好的天气，我们才知道水流、小溪和河流是怎么形成的：脚边的小水流迅速地流过，汇流成新的溪流；数百条溪流汇集成小河，数百条小河汇聚为大河。甚至最微小的雨滴，都有力量流入城市的街道、迅速填满路上或人行道上的低洼处，涌入排水沟，夹带着落叶、树枝和其他东西，踏上欢乐的旅程。

抬头望向落雨的天空，而非只看着地上。冲向户外，步入雨中，而非奔入室内躲避它。人应该经历生命中各种不同的天气，就如同遇到各种各样的人和事。

多年前，甘地晨间拜访印度总理尼赫鲁时，向后者要一壶水洗脸濯足，两人边谈国事，尼赫鲁边倒水。甘地忘了洗濯，但水壶已空，尼赫鲁说他再拿一壶来，甘地却放声大哭。尼赫鲁告诉他，城里有三条大河——恒河、朱木拿河和萨拉斯威特河，不必担心无水可用。

然而甘地却摇头说："尼赫鲁，你说得没错，这个城里的确有三条大河，但我所能分得的唯有每天清晨的一壶水而已。"

甘地设定自我限制的做法所蕴含的道理值得我们去仔细琢磨、品味。

人生箴言

限制是一把尺子，不要只看到它规范你的言行、让你不自由的地方，它也在帮你成就你的"方圆"。其实你的内心可以是博大的，只要你的心里装得下足够的可以拿得出的东西。

机会有时会伪装成"困难"出现

有位年轻人从学校毕业后，进入一家石油公司任职，随即被总公司分配到一个海上油田工作。

工作的第一天，工头要他在限定时间内登上几十米高的钻井架，并要求他将一个包装好的漂亮盒子送到最顶层的主管手中。

他拿着盒子，迅速登上又高又窄的舷梯。当他气喘吁吁地登上顶层后，只见主管在盒子上签了自己的名字，又让他带回去交给工头。他一接到命令，连忙又快速地跑下舷梯，把盒子交给工头。

然而，令他大惑不解的是，工头草草签完名之后，又原封不动地交给他，要求他再交给顶层的主管。年轻人看了看工头，却又不知道要如何发问，只得乖乖地跑上顶层。

结果，主管仍是只在盒子上签名而已，又要他送回去。年轻人就这样来来回回、莫名其妙地上下跑了两次。他心里隐约感觉这一切似乎是主管与工头在故意刁难他。

第三次，这个全身都被海水溅湿的年轻人，内心已经充满熊熊怒火，不过他仍然强忍着怒气。当他第三次将盒子送给主管时，主管说："把它打开。"

年轻人将盒子拆开后，里头居然是一罐咖啡与一罐奶精。这时年轻人确认是主管与工头在联合起来欺负他。

他愤怒地看着主管，表情表明了他的态度。但是主管似乎毫无感觉似的，对他说："去冲杯咖啡吧。"

年轻人终于再也忍不住了，用力把盒子摔到海面上，气愤地说："我不干了！"

说完之后，他感觉痛快了许多，一肚子的怒火全部发泄出来了！

但是，主管却失望地摇了摇头，说："孩子，你知道吗，刚刚这一切，其实是一种训练啊！那叫做承受极限的训练，因为我们每天都在海上作业，随时都可能会遇到危险，因此，工作人员都必须要有极强的承受力，才能完成海上的作业任务。可惜，你前面三次都通过了，就差那么一点点，你无缘喝到自己冲泡的好咖啡，真是可惜！现在，你可以走了。"

这个年轻人本来只要再忍耐一下，就能得到一个工作机会。很多时候，我们也和这个年轻人一样，常常被眼前的困难吓倒，或者遇到一点困难就放弃，却不知道那困难正是机遇伪装的，当我们放弃时，同时也放弃了机会。而假如我们稍稍坚持一下，就能推开机遇的大门。

另一个年轻人同样也遇到了考验，但结果却不一样。他初到一家公司上班时，好几次听到总经理在会上强调：大家不要去三楼的一个房间。于是，大家也就从没去过那里。可这个年轻人偏偏不信这个邪，就闯进三楼那个房间。这是一个平常的房间。一张平常的办公桌，桌上放着一张尘封了的聘书，上边还没有填写什么内容。这个年轻人真是胆大，他竟然拿着那个聘书进了总经理的办公室。总经理好好地打量了这个年轻人一番，然后，提起笔来，在聘书上写了几个大字，交给年轻人。总经理说："从现在开始，你就是销售部的经理了！"年轻人感到茫然，总经理就说："我等你这么个人，已经好长时间了！"

这个年轻人获得这个职位多么容易！可对公司里那些人来说却又是那么难。为什么？其实，生活中许多时候，我们都面对着这样的一扇"门"，我们常常站在这个"门"前，期盼着机遇的降临，却不敢去推开它。而机遇就这样从身边悄悄溜走了。

人生箴言

面对困难时，要学会分析它，而不是立即选择逃避，只要能力许可，就勇敢地迎难而上。你会发现，困难后面总是隐藏着你所期待的东西。

机会藏在不起眼的地方

父亲将自己年轻时冒险的故事，一一说给儿子听。父亲那段艰苦而又精彩的创业故事，深深感动了儿子，也鼓舞了儿子，成为他创造无价人生的目标。儿子决定离开温暖的家，出外寻找宝物，为此，他特别订制了一艘大船。在亲友们的祝福下，大船载着男孩的梦想扬帆出发。

他历经了险恶的风浪，穿越了无数岛屿，终于在热带雨林中找到一棵十几米高的树木。他砍下这棵树，剥开树皮，这时他发现木心是黑色的，而且黑色木心中还飘出阵阵香气，清香的气味让人感到非常舒适。更特别的是，他将这棵树放入水中时，它居然不像其他的树木那样浮在水面，而是沉入水底，年轻人开心地想："啊！我找到宝物了！"虽然他不知道这棵树到底是什么，也不知道它真正的用途，但他相信自己一定是找到"宝物"了！

随后，年轻人将芳香无比的树木运送到市场里贩卖，但是不管怎么叫卖也无人问津，这令他十分苦恼。尤其当他看见身旁卖木炭的生意相当好时，心里更不是滋味，忽然间，他对眼前的"宝物"失去了信心。

他暗自想着："既然木炭这么好卖，我不如把这个卖不出去的黑色木心也烧成木炭，说不定能卖个好价钱。"于是，他将木材烧成了木炭，挑到市场去卖。果然，木炭很快就卖光了。

年轻人为自己的改变与创举感到相当自豪，不久之后便得意地回家把这段经历告诉他的父亲。没想到，老父亲听完儿子的诉说后，反而难过地掉下泪水。

原来，年轻人烧成木炭的原木，是百年难得一见的沉香木。老父亲摇了摇头说："孩子，你知道吗？你只要切下木心的一小块，磨成粉末，它的价值就超过了你卖一整年木炭的价值啊！"

你是否也曾经像这位年轻人一样：获得了珍贵的机会，却又因为不知道它的价值而不懂珍惜并轻易放弃？

其实，最好的机会往往就像宝石一样，隐藏在其貌不扬的石块中，等着有心人去发现、去捕捉。所以，我们要小心翼翼地把机会握在手中，仔细辨别蕴藏在璞石里的无价宝石。

丹麦物理学家雅各布·博尔的发现就不是在上天赐予的机遇中找到的，也不是在什么特殊的实验室里研究出来的，而是在一次非常偶然的事件中发现的。

一天中午，雅各布·博尔正在书房找书，不小心打碎了书架上一个花瓶，他凝视着地下的碎片，心想这些碎片之间说不定会有什么规律。于是便小心翼翼地拣起满地的碎片，然后把它们放到桌子上，按大小分成三类，分别称出重量。雅各布·博尔当即激动不已，因为他发现：这些碎片中 10 ~ 100 克的最少，1 ~ 10 克的稍多，0.1 ~ 1 克和 0.1 克以下的最多。同时，这些碎片的重量之间表现为统一的倍数关系，即较大块的重量是次大块重量的 16 倍，小块的重量是小碎片重量的 16 倍……于是他将这个发现进行了理论研究，命名为"碎花瓶理论"。并将这个理论应用于实践，在恢复文物、陨石等过程中取得了神奇的效果。

看，机遇多数情况下就是这样藏在不起眼的地方，只有火眼金睛的人才能发现它。而大部分人在埋怨没有机遇的时候，机遇有可能就在身边着急地瞧着他们，但他们却对它不理不睬，最后机遇只好悻悻地回到独具慧眼的人的怀抱。

人生箴言

这个世界并不缺少机会，而是缺少发现机会的眼睛。不要放过不起眼的事物，因为不起眼中往往藏着机会。

不敢冒险会让你失掉良机

一个水手的儿子很小的时候，第一次随大人上船去玩儿。他伏在甲板上看海，忽然他看见在船后有一条很大的鱼。他指给别人看，但奇怪的是没有人能看见这条鱼。大人们想起一个传说，说海里有一种形状像鱼的怪物，一般人看不见。但如果一个人能看见它，这个人将因它而死。

从此水手的儿子不敢再到海上，也不敢再乘船。但他经常到海边，每次他走到海边，都能看见这条鱼在海里出现。有时他走在桥上，就看见这条鱼游向桥下。他渐渐习惯了看到这条鱼，但是他从不敢接近这条鱼。就这样他度过了一生。

在他老得将要死亡的时候，他终于忍不住了，决定到鱼那里去，看看到底会发生什么。他坐上一条小船，划向海里的大鱼。

他问大鱼："你一直跟着我，到底想干什么？"大鱼回答："我想送给你珍宝。"于是他真的看到了许多珍宝。他叹息着说："晚了，我快要死了。"第二天，人们发现他死在了他的小船上。

当初他不敢接近这条鱼正是害怕冒险而向命运的挑战低下了头颅，等机遇错过以后，他才发现应该直面人生。像这个水手的儿子一样，在工作和生活中，我们总是被一些想象中的困难困扰着，前怕狼、后怕虎，犹豫不决，许多机会就这样因为无谓的担心而白白丧失掉了。

在人短暂的一生中，机会往往稍纵即逝，数不清的人尝到了"白了少年头，空悲切"的滋味。有一位农夫感叹自己总也等不到好气候，有人问农夫有没有种麦子。农夫回答："没有，我担心天不下雨。"那个人又问："那你种棉花了吗？"农夫说："没有，我担心虫子吃了棉花。"那个人又问："那你种了什么？"农夫说："什么也没种。我要确保安全。"

什么也不做，看上去确实安全，但也只能像农夫一样，到头来，什么也没有，什么也不是。时刻被担忧缠绕着，回避受苦和悲伤，不能学习、改变、感受、成长、爱和生活，最终只能变为丧失了自由的奴隶。

机遇总是伴着风险而来的。不愿意冒风险的人，他们不敢笑，因为怕冒愚蠢的风险；他们不敢哭，因为怕冒被别人耻笑的风险；他们不敢向他人伸出援助之手，因为要冒被牵连的风险；他们不敢暴露感情，因为要冒露出真实面目的风险；他们不敢爱，因为要冒不被爱的风险；他们不敢希望，因为要冒失望的风险；他们不敢尝试，因为要冒失败的风险……于是，所有的机遇就这样从他们身边悄悄地溜走了。

宋代文学家欧阳修说："遇事无难易，而勇于敢为。"敢于冒险总比逃避风险所能获得的机遇要多。什么风险都不冒，注定只能碌碌无为。

将挫折变为成功的机会

生活中我们经常遭遇打击，面对打击如何反应却是我们自己的选择。布拉德·莱姆里在《炫耀》杂志上撰文写道："问题不是生活中你遭遇了什么，而是你如何对待它。"

米歇尔是位白手起家的百万富翁、广受欢迎的演说家、前任市长、河流筏夫、空中造型跳伞运动员……而让人惊叹的是这些成就都是在他经历了事故以后获得的。他在每次遭遇挫折后，都是将挫折转变为了成功的机会。

1971年6月19日，米歇尔刚买了一辆崭新的摩托车，那天下午，他骑着摩托车去工作，在一个交叉路口与一辆卡车相撞。摩托车压碎了他的胳膊和骨盆。卡车油箱破裂，流到摩托车上的汽油被炙热的引擎点燃，他身上65%的皮肤被烧伤。幸而旁边车队中一个反应敏捷的人用灭火器浇灭了他身上的火，总算挽救了他的性命。

虽然留下一条活命，但米歇尔的面部被烧毁，手指变得扭曲、炭化，双腿只是两堆红肉。第一次看到他的人几乎都会晕过去。他失去知觉，直到两周后才醒来。

4 个月内他 13 次输血、16 次皮肤移植并做了若干次其他手术。经过几个月的康复和几年的适应性训练，米歇尔才恢复了正常的生活。可是，4 年后令人不可思议的事情再次发生了。米歇尔居然又遭遇了一场飞机坠毁事故，腰部以下瘫痪。他说："当我告诉别人我已经经历了两次生死事故时，几乎没人相信。"

在那次飞机失事后，米歇尔在医院的健身房中遇到了一个 19 岁的病人。那个年轻人也瘫痪了。他过去喜爱爬山、滑雪，是个积极的户外运动者，瘫痪后他认为自己的生活完了。米歇尔对他说："你明白吗？过去我可以干 10000 种事情，现在只剩下 9000 种。我可以花整整下半生来惋惜那失去的 1000 种，但我选择集中注意力于那剩下的 9000 种。"

米歇尔就是这样对待自己的生活的。他说他成功的秘密有两个，一个是朋友和家庭的支持，另一个是领悟到了人生的意义。他说："我是我自己命运的主人。这是我个人的盛衰沉浮，我可以选择把这情况看作是一场挫折，或看作是一个新的机会。"

我们迟早都会遭受挫折，虽然绝大部分不会像米歇尔所遭受的那么严重。你可能被恋人抛弃，你可能在一次谈判中失利，你可能被一帮家伙揍了一顿，你可能被你所中意的学校拒绝，你可能患有重病……

其实，挫折对我们来说是一种危机，也是一种挑战。马斯洛曾说过："一个人面临危机的时候，如果你把握住这个机会，你就成长。如果你放过了这个机会，你就退化。"实际上，"危机"一词就是"危险"加"机会"的意思。因此，积极应对挫折，把握机会，才有可能变挫折为机遇。

人生箴言

不经历风雨，怎么见彩虹。挫折不过是人生中必须出现的一种经历，是通向成功的必由之路。

贪婪会让你失去很多

　　凯亚小的时候，有一次和父亲进林子去捕野鸡。父亲教凯亚用一种捕猎机，这种捕猎机像一只箱子，用木棍支起，木棍上系着的绳子一直连接到猎人隐蔽的灌木丛中。只要野鸡受到猎人撒下的玉米粒的诱惑，一路啄食，就会进入箱子。那时候，只要一拉绳子就大功告成。

　　他们支好箱子后藏了起来，不久，就飞来一群野鸡，共有9只。大概是饿久了，不一会儿就有6只野鸡走进了箱子。凯亚正要拉绳子，又想，那3只也会进去的，再等等吧。等了一会儿，那3只非但没进去，反而从箱子里又走出来3只。凯亚后悔了，对自己说，哪怕再有1只走进去就拉绳子。可是接着，又有2只走了出来。如果这时拉绳，还能套住1只，但凯亚对失去的好运不甘心，心想，总该有些要回去的吧。但结果不是他期望的那样，最后连那一只也走出来了。

那一次，凯亚连一只野鸡也没能捕捉到，却捕捉到了一个受益终生的道理：人的欲望是无法满足的，而机会却稍纵即逝。贪欲不仅让人难以得到更多，甚至连原本可以得到的也将失去。

炒过股票的人应该深有体会：当手中的股票开始赚钱时，想着还会再涨，等等吧；当股价已往下跌时，想着前几天那个高点都没卖，现在卖只能赚这么点钱，等涨回点再说，结果成了套牢一族。

《阿里巴巴与四十大盗》中，只要念着"芝麻芝麻开门吧"的口诀，就能进入藏宝之洞，有的人进去后适量地敛了些财宝，既没眼发红、心发黑，也没脑袋发胀，而是见好就收，冷静地出了洞，安安生生过日子去了；有的人一进洞，不光是眼花了、心花了，连脑袋都大了好几圈，利令智昏，怎么拿都嫌不够，口诀？哪还记得啊，结果是进得来却出不去了，让强盗们回来给大卸了八块。

《渔夫和金鱼的故事》里的那个老太婆，向小金鱼要了别墅又要宫殿，要了宫殿还要当国王，当了国王又要当皇帝，当了皇帝还不满足，又要当教皇，最后竟然想要控制太阳和月亮。结果呢？金鱼收回了所有给她的待遇，又让她住进了破渔舍，继续过着原来的生活。

人的欲望是无止境的，过于贪婪，人便成为金钱、美色、名位的奴隶。多少人因为贪婪毁了自己的美好前途，甚至毁了自己的一生。多少人因为贪婪葬送了自己的幸福，因为贪婪把自己弄得众叛亲离。

德国剧作家莱辛的《仓鼠和蚂蚁》中的故事，对人类也颇有启示。

"可怜的蚂蚁们，"一只仓鼠说，"为了囤集这么一点粮食，你们千辛万苦地劳作，忙活了整整一个夏天：这值得吗？真该让你们看

遇见内心强大的自己

看我的储备粮！"

"听着，"一只蚂蚁回答道，"就因为你储藏的粮食比你所需要的多得多，所以人类才要把你从泥土里挖出来，把你的粮仓掏空，让你用性命来替你那贪婪的强盗行为赎罪：他们这样做太合理了！"

我们应该学习故事中的蚂蚁，不贪婪，见好就收，所以能够平安，而不要像仓鼠那样，因为贪婪，落得人人喊打的下场。

人生箴言

贪婪会让你失去善良的本性，成为欲望的魔鬼。贪的越多，失去的也会越多。

置之死地而后生

日本的北海道出产一种珍奇的鳗鱼，周围的渔民多以捕捞这种鳗鱼为生。这种鳗鱼的生命非常脆弱，只要一离开深海区，过不了半天就会死亡。渔民们想尽一切办法处置捕捞到的鳗鱼，但仍然枉费心机，回港后的鳗鱼几乎无一存活。奇怪的是，有一位老渔民捕捞的鳗鱼，回港后仍是活蹦乱跳的。由于鲜活的鳗鱼价格要比死亡的鳗鱼高出一倍以上，所以没几年工夫，老渔民一家便成了远近闻名的富翁。周围的渔民虽做着同样的营生，却一直只能维持简单的温饱。老渔民在临终之前讲出了他的秘诀，就是在整舱的鳗鱼中，放进几条狗鱼。鳗鱼与狗鱼是出了名的"对头"。几条势单力薄的狗鱼遇到成舱的对手，便惊慌地在鳗鱼堆里四处乱窜，这样一来，反倒把满满一船舱死气沉沉的鳗鱼全给激活了。

不管在自然界还是在人类社会，危机和生机就是这样相互作用的，这就是置之死地而后生的道理所在。《孙子兵法》中说："投之亡地然后存，陷之死地然后生，夫众陷于害，然后能为胜败。"在战场上，处于死亡之地的士兵，为求生存，必会人人奋起杀敌，往往反而会取得战争的胜利。

秦朝末年，天下纷乱，军阀为了不同的利益相互混战，发生过许多经典的战例。其中，项羽在巨鹿破釜沉舟大败秦军一战至今仍被人们津津乐道。当时，赵王歇被秦军围困在巨鹿（今河北平乡西南），请求楚怀王救援。而秦军强大，几乎没人敢前去迎战。项羽为报秦军杀父之仇，主动请缨，楚怀王封项羽为上将军。项羽命令将士每人只带三天的干粮，并将锅碗全部砸碎，把渡河的船只全部凿沉，连营帐都烧了，他对将士们说："咱们这次打仗，有进无退，三天之内，一定要把秦兵打退。"士兵们没有了退路，战也是死，不战也是死，那何不战死？于是个个奋起杀敌，大败秦军。

1871 年，11 岁的詹天佑读完了私塾。下一步该怎么走呢？父亲詹兴洪开始为最喜爱的长子思考着出路。他的夙愿是希望天佑继续读书或学习技艺，可是家境却艰难拮据，已经无力再支持了。此时，恰遇清朝选送幼童出洋留学。詹兴洪在香港的同乡好友潭伯村力劝其送子赴美，走"洋翰林"的道路。为了儿子的前程，詹兴洪夫妇怀着依依不舍的沉重心情，忍痛在"出洋自愿书"上签写道："具结人詹兴洪今与具结事，兹有子天佑情愿送赵宪局带往花旗国（美国）肄业，学习机艺回来之日，听从中国差遣，不得在外国逗留生理，倘有疾病生死，各安天命，此结是实。"

詹天佑在香港报考技艺门，被录取。1872 年 7 月，12 岁的詹天佑作为第一批留学生乘船赴美，开始了为期 10 年的留学生活。后来詹天佑学成归国，成为我国近代科学技术界的业绩不凡的先驱。

在当时，留学并不像今天这样令人趋之若鹜，送子留学需要相当大的勇气，特别是像詹天佑这样年仅 11 岁的幼童，要离开亲人达 10 年之久，在交通信息还很落后的近代中国，孩子"倘有疾病生死"，只好"各安天命"了。詹天佑的父母为了孩子的前途，下了很大的决心把儿子置于前途未卜、生死难测的"死地"，放手让孩子自己去闯荡世界；而詹天佑也不负厚望，克服种种困难，终于成就了功名。

人生箴言

当无路可退时，不妨勇敢地将自己投入"死地"。你会发现，"死地"并非一片黑暗，生机依然存在。

不要害怕被拒绝

　　有一个22岁的英国年轻人，尽管他是大学的高材生，有一张英国伯明翰大学新闻专业的文凭，但大学毕业后在竞争激烈的人才市场中却四处碰壁，一直没找到理想的工作。为了求职，这位年轻人从英国北方一直到南方，几乎跑遍了全国。屡败屡战的求职经历，使这位年轻人不仅积累了宝贵的求职经验，而且磨炼了不屈不挠的意志。

　　有一天，他听说世界著名大报——《泰晤士报》招聘员工，便赶紧前去应聘。

　　他充满自信地走进招聘办公室，恭敬地问："请问，你们需要编辑吗？"

　　对方看了看这位貌不惊人的年轻人，说："不要。我们的招聘工作在前天刚刚结束，你来晚了一步。"

　　他接着又问："那需要记者吗？"

对方回答："也不要。"

年轻人没有气馁："排字工、校对呢？"

对方已经不耐烦了，说："都不要！都不要！我们的招聘工作在前天刚刚结束，你来晚了一步！"

年轻人微微一笑，从包里掏出一块制作精美的告示牌交给对方，说："那你们肯定需要这块告示牌。"

对方接过来一看，眼睛顿时一亮，只见上面写着："额满，暂不招聘。"

他的举动出乎招聘人的意料，负责招聘的主管被年轻人的真诚和聪慧打动，破例对他进行了全面考核。结果，他幸运地被报社录用了，并被安排到与他的才华相应的对外宣传部工作。

事实证明，报社没有看错人。20年后，他在这家英国王牌大报的职位是：总编。这个人就是生蒙，一位具有人格魅力的资深报业人士。

成功就是无数次的拒绝和失败的结晶，机会对每个人都很公平，就看你是否能把握，就看你被无数次拒绝后是否还有勇气和耐心继续坚持。其实，拒绝并不可怕，可怕的是被拒绝吓倒。当我们被别人暂时拒绝时，想想下次也许就会成功。不要消极地接受别人的拒绝，而要积极面对。你的要求落空时，把这种拒绝当作一个问题："自己能不能更多一点创意呢？"不要一听见"不"字就打退堂鼓。应该让这种拒绝激励出你更大的创造力，这样才能争取到机会。

有一个小故事。说有个男生偷偷喜欢上了班里的一个女生，好不容易鼓足勇气对她表白，结果被拒绝了。这个男生失意了几天后忍不住再次开口，结果还是被拒绝了，他从此萎靡不振。忽然有一天，他看到那个女生和一个不如自己的男生在交往，他百思不得其解，却又不得不接受残酷的现实。直到毕业，他终于忍不住向那个男生询问其中的秘诀，得到的答复竟是：她曾经拒绝了我两次，但第三次我成功了。

被拒绝只是人生的一次不成功的尝试，虽然一个否定的结果不能告诉你到底哪里错了、应该如何做才可以被接受，但是却可以促使你去思考、去领悟到底哪里错了。不管是爱情也好，学业也罢，抑或是事业，最后的成功涵盖了之前所有的被拒绝、被否定，这是一个曲折而艰辛的过程。

对于大多数人来说，成功之前都会遭遇很多拒绝。被拒绝又如何呢？"人生豪迈，大不了从头再来"。

人生箴言

永远都不要害怕被拒绝，要充满信心地去敲响机遇的大门。

不妨绕道而行

我们常看见迷路的蜻蜓在房间里拼命地飞向玻璃窗，期盼立即投身辽阔的天空。它看准了透过玻璃窗照进来的那一片光明，百折不挠地向着那片光明飞过去，但每次都重重地撞到玻璃上，要挣扎好久才能恢复神智，然而只要一恢复神智，它就会在房间里绕上一圈，然后再次鼓起勇气，仍然朝玻璃窗飞去，当然，它还是无功折返。

其实，旁边的门是开着的，只因那边看起来没有这边亮，它就不想去试试那个门。

追求光明是多数生物的天性。它们不管怎样遭受失败或挫折，总还是坚决地朝向光明的地方去奋斗。但是，当我们看见碰壁而回的蜻蜓的时候，却不禁想要告诉它：有时为了达到目的，不妨换一个看来较为遥远、较为无望的方向；否则，你就只好永远在尝试与失败之间兜圈子，直到耗完精力为止。

百折不回的精神虽然可嘉，但如果这里虽然望得见目标，前面却是一片陡峭的山壁，没有可以攀援的路径，我们就应当及时调整一下思路，换一个方向，绕道而行。

绕道而行不是一条路的终止，而是原来的道路的延续，只是出现了一个必要的曲折，绕了一个必要的弯。

为了达到目标，暂时走一走与理想相反的路，有时正是智慧的表现。事实上，人生的旅途中是没有几条便捷的直达目标的路径可走的。

我们时常需要背对着目标，耐心地去做披荆斩棘、铺路架桥的工作，还需要时常尝试很多条看似非常晦暗无望的道路，才能发现距离目标近一点。

法国作家勒农说："你不要焦急！我们所走的路是一条盘旋曲折的山路，要拐许多弯，兜许多圈子，时常我们觉得好似背对着目标，其实，我们总是越来越接近目标。"

绕道而行是为了避开一时间难以克服或者清除的障碍。绕道而行的目的是继续前进，虽然迂回曲折了一下，但心中的追求依然存在，那就是一定要到达目的地。

第四篇 机遇和挑战同在

143

人生箴言

绕道而行表面上走了弯路，但实际上因为避开了障碍，反而赢得了时间和机会。

思路一变天地宽

法国著名女高音歌唱家玛·迪梅普莱有一个美丽的私人园林。每到周末，总会有人到她的园林摘花、采蘑菇，有的甚至搭起帐篷，在草地上野营野餐，弄得园林一片狼藉、肮脏不堪。

管家曾让人在园林四周围上篱笆，并竖起"私人园林，禁止入内"的木牌，但均无济于事，园林依然不断遭到践踏和破坏。管家只得向主人请示。

迪梅普莱听了管家的汇报后，让管家做几个大牌子立在各个路口，上面醒目地写明：如果在园林中被毒蛇咬伤，最近的医院距此15公里，驾车约半个小时即可到达。从此，再也没有人闯入她的园林。园林还是那个园林，只是变了一个思路，保护园林的难题就解决了。

当你在工作或生活中遇到障碍，进行不下去的时候，其实未必像你想象的那样，你无路可走了，而是你陷入了经验或思维定式的束缚中，只要换一下思路，问题可能就迎刃而解了。

当年，高产抗病的土豆新品种刚传到法国，法国农民对这个新玩意儿并不感兴趣。为了提倡种植这种土豆，法国当局花了很大力气宣传，但是收效甚微。这时，有人出了一个绝招：在各地种植优良土豆的试验田边，增设全副武装的哨兵日夜把守。此举的确显得十分神秘，一块土豆地怎么会派哨兵日夜把守呢？周围的农民无不好奇，不断地趁着士兵的"疏忽"而溜进去偷土豆，小心翼翼地把偷来的土豆拿回去研究，种在自家地里，精心侍弄，想看看它们到底有何不同。哨兵对周围的农民偷土豆表面上似乎严禁，实际上则睁一眼闭一眼。当周围农民种的这种土豆获得丰收之后，其优点自然就广为人知了，这种土豆也就迅速普及开来，很快成为最受法国农民欢迎的农作物之一。

土豆还是那个土豆，只是变了一个思路，推广土豆优良品种的难题就解决了。

思路一变天地宽。好思路常常能起到妙手回春、点石成金的作用。

有个摄影师经常给各种代表会议的代表拍集体照。他每次在拍照前总是喊："一！二！三！"但常常有人在喊"三"字时坚持不住了，上眼皮找下眼皮，照成了闭目状。结果，被照成闭目状的人不满意，摄影师也感到很为难。

后来这位摄影师换了一个办法，大获成功。他请所有照相的人先全闭上眼睛，等待听他的口令，同样是喊："一！二！三！"只是改在"三"字上一起睁眼。真妙！冲洗出来一看，一个闭眼的也没有，全都显得神采奕奕，比平时更精神。于是皆大欢喜。

只是变了一个思路，照相时有人闭眼的难题就轻松地解决了。

人生箴言

好思路不是万能的，但没有好思路则是万万不能的。遇到问题，不妨从多个角度去思考，找出最佳的解决方式来，而不要一条道走到底。

勇敢应对挑战

敢于直面挑战的人，才更有机会抓住机遇。

1927 年冬，朱家骅回浙江担任省政府委员兼民政厅厅长。为了实践"用新人，行新政"的新政策，在 1928 年至 1930 年之间，他先后主持举办了三次选拔县长的考试。

有一次，朱懋祺前去应试。笔试考完之后进行面试。考场上一派"三堂会审"的架势，主考官朱家骅西装革履，端坐正中，两边的考官也都是正襟危坐。先是其他考官发问，考了政治、时事、历史、法律等等。朱懋祺知识渊博，思维敏捷，对各类问题都对答如流。

最后轮到主考官发问。朱家骅见他回答问题如此驾轻就熟，就突发奇想，抛开原定题目，出了一道偏题："《总理遗嘱》你背得滚瓜烂熟，请你回答这遗嘱一共有多少字？"

这下把朱懋祺考住了。他暗想，主考官出此题目，未免脱离常规。既然有意刁难，录取大概无望，于是就不卑不亢，落落大方，据理力争地大胆反问："主考官的尊姓大名，天天目睹手写，想必已烂熟于胸，请问一共有几笔？"

朱家骅想不到应考者竟会如此反问，一时愣住了。陪考者听后也大吃一惊，都瞪大眼睛，等待主考官如何发落。

沉默片刻后，朱家骅微笑着宣布："口试完毕，考生退场。"

朱家骅十分赏识朱懋祺的才能和机智，于是亲自批准录用。随后，朱懋祺被派往奉化担任县长。朱懋祺除了具有智慧，还有敢于向权威质疑的胆识。这才是他获得赏识的关键所在，也是给人们以启发的地方。

其实越是在重要的时候，越是要冷静地面对眼前的疑难问题。曾有一位年轻的实习女护士，在一家医院参加一次大型手术。此次手术如果一切顺利，她将被外科专家评定为合格，获得护士证书。就在这个重要的时刻发生了一个意外的"事件"。

复杂艰苦的手术从清晨进行到黄昏，终于接近尾声。主刀的外科专家即将缝合患者的伤口，女护士突然严肃地盯着他说："大夫，我们用了10块纱布，您只取出了9块。"

外科专家道："不可能，我已经都取出来了，你不要妄加判断。"

女护士斩钉截铁地说："不会的！我记得清清楚楚，手术中我们用了10块纱布，您只取出了9块！"

外科专家不耐烦地说："我是医生，我有权决定缝合伤口！"

女护士毫不退让，她大声道："正因为您是医生，您更不能这样做。况且我们都要对患者负责。"

这时，外科专家严峻的脸上泛起了欣慰的笑容。他举起左手心里握着的第 10 块纱布说道："你是正确的，你是一个非常合格的护士。"

人生箴言

机遇常伴随着挑战而来，才能、智慧、胆识，就是应对挑战、抓住机遇的三大法宝。

第五篇　不要为梦想设限

只要坚持，就会梦想成真

梦想是生命的花朵，是思想的钙质，是心灵的拐杖，是想象力和创造力的源泉。拥抱梦想，并心无旁骛、矢志不渝地用汗水和心血去浇灌，梦想之花就一定会结出丰硕的果实。

在一堂作文课上，老师出了一道作文题：我的志愿。

一个男孩飞快地写下了自己的梦想：我希望将来能拥有一座占地十余公顷的农庄，在辽阔的土地上种上茵茵绿草，农庄设有小木屋、烤肉区与休闲旅馆，除了自己住在那儿外，前来参观的游客也可以一起分享、休憩。结果老师要求他重写，他仔细看了看自己所写的内容，没有错误啊！就拿着作文去请教老师，老师告诉他："我要你们写下自己的志愿，而不是梦幻的空想，你知道吗？"男孩据理力争道："老师，这真的是我的志愿啊！"老师仍然坚持："那只是一堆空想，不可能实现！我要你重写。"

男孩坚决不肯妥协，因为他很清楚，那是他的梦想、他的憧憬。

老师摇头说："如果你不重写，我就不会让你及格。"男孩坚持不再重写，因此那篇作文只得到一个"E"。

20多年以后，这位老师带领他的30个学生来到那个曾被他指责的男孩的农场露营一星期。离开之前，他对已是农场主的男孩说："说来有些惭愧。对你幼时的梦想，我曾泼过冷水。这些年来，也对不少学生说过相同的话。幸亏你有毅力坚持下来……"

生活中，我们会经常遇到梦想和现实相冲突的情况。是坚持梦想还是屈服于现实，总是使我们很难选择。但最终能取得非凡成绩的，一定是那些无论何时何地都坚持自己梦想的人。

另一个男孩，小学6年级的时候，考试得了第一名，老师送给他一本世界地图，他好高兴，跑回家就开始看这本地图。那天轮到他为家人烧洗澡水，他一边烧一边看，心想：埃及很好，有金字塔，有尼罗河，有法老的木乃伊，有很多神秘的东西，长大以后一定要去埃及。

突然，他的爸爸从浴室中冲了出来，大声地说："你在干什么？火都熄了！"男孩说："我在看埃及的地图。"父亲"啪啪"给了男孩两个耳光，然后说："赶快生火！看什么埃及地图！"打完后，又踢了男孩屁股一脚，表情严肃地跟他讲："我给你保证！你这辈子不可能到那么遥远的地方！"

20年后，那男孩当了记者，成了作家，并出国到埃及旅游。他坐在金字塔前面的台阶上，给爸爸写了信。他爸爸收到信后对他的妈妈说："唉，真没想到，一巴掌能把他打到埃及去。"这个男孩就是台湾的著名散文家林清玄。

林清玄念念不忘心中的梦想，并为之奋斗不息，十几年如一日，每天清晨4点就起来看书写作，每天坚持写3000字，每年发表作品百余万字，终于将梦想变成了现实。

可见，梦想是我们努力的方向和前进的动力。坚持梦想势必会承受痛苦，但痛苦本来就是人生的组成部分，因为痛苦，所以才更会期待和珍惜幸福。但是如果害怕痛苦而选择放弃，也就放弃了梦想成真的机会。

人生箴言

梦想并非遥不可及。坚持梦想，并付诸行动，梦想就一定会变为现实。

不要做一辈子围着磨盘打转的驴

没有目标和梦想，我们就无法让生活变得有意义，因为我们连朝哪个方向使劲都不清楚。不少人终生都像梦游者一样，漫无目的地游荡。他们每天都按熟悉的老一套生活，从来不问自己"我这一生要干些什么"？他们对自己的作为不甚了了，因为他们没有梦想，生活也就混沌一片。

唐太宗贞观年间，长安城西的一家磨坊里有一匹马和一头驴子，它们是好朋友，马在外面拉东西，驴子在屋里拉磨。贞观三年，这匹马被玄奘大师选中，出发经西域前往印度取经。

17年后，这匹马驮着佛经回到长安。它重回磨坊会见驴子朋友。老马谈起这次旅途的经历：浩瀚无边的沙漠，高入云霄的山岭，满山的冰雪，热海的波澜……那些神话般的境界，使驴子听了极为惊异。驴子惊叹道："你有多么丰富的见闻啊！那么遥远的道路，我连想都不敢想。"老马说："其实，我们走过的距离是大体相等的，当我向西域前行的时候，你一步也没停止。不同的是，我同玄奘大师有一个遥远的目标，按照始终如一的方向前进，所以我们打开了一个广阔的世界。而你被蒙住了眼睛，一生就围着磨盘打转，所以永远也走不出这个狭隘的天地。"杰出人士与平庸之辈最根本的差别，并不在于天赋，也不在于机遇，而在于有无梦想和目标！就像那匹老马与驴子，当老马始终如一地向西天前进时，驴子只是围着磨盘打转。尽管驴子一生所跨出的步子与老马相差无几，可因为缺乏目标，它的一生始终走不出那个狭隘的天地。

罗斯福总统的夫人年轻时在本林顿学院读书的时候，打算在电讯业找一份工作，以贴补生活。她的父亲为她引见了自己的一个好朋友——当时担任美国无线电公司董事长的萨尔洛夫将军。

将军热情地接待了她，并认真地问："想做哪一份工作？"

她回答说："随便吧。"

将军神情严肃地对她说："没有任何一类工作叫'随便'。"

随后，将军以长辈的口吻提醒她说："成功的道路是目标铺出来的。"

是的，人生没有目标，就好比在黑暗中远征。心理学家曾经做过的一个实验充分证明了目标的重要性。

心理学家组织了三组人，让他们分别向着 10 公里以外的三个村子进发。

第一组的人既不知道村庄的名字，也不知道路程有多远，心理学家只告诉他们跟着向导走就行了。刚走出两三公里，他们中间就开始有人叫苦；走到一半的时候，有人几乎愤怒了，他们抱怨为什么要走这么远，何时才能走到头，有人甚至坐在路边不愿走了；越往后，他们的情绪就越低落。

第二组的人知道村庄的名字，也知道路程多远，但路边没有里程碑，只能凭经验来估计行程的时间和距离。走到一半的时候，大多数人想知道已经走了多远，比较有经验的人说："大概走了一半的路程。"于是，大家又簇拥着继续往前走。当走到全程的四分之三的时候，大家情绪开始低落，觉得疲惫不堪，而路程似乎还有很长。当有人说"快到了，快到了"！大家又振作起来，加快了行进的步伐。

第三组的人不仅知道村子的名字、路程，而且公路旁每一公里都有一块里程碑，人们边走边看里程碑，每缩短一公里大家便有一小阵的快乐。行进中他们用歌声和笑声来消除疲劳，情绪一直很高涨，所以很快就到达了目的地。

可见，如果人们的行动目标明确，并能把行动与目标不断地加以对照，进而清楚地知道自己的行进速度和与目标之间的距离，人们行动的动机就会得到维持和加强，就会自觉地克服一切困难，努力达到目标。正如一位哲人说过的话："伟大的目标构成伟大的心灵，伟大的目标产生伟大的动力，伟大的目标形成伟大的人物。"

人生箴言

人生犹如登山，目标就是一个又一个山头。有了目标，人就有了努力的方向，人生就会变得充实而坚强。

种下梦想的种子

生命中的每一件事物的成长都起源于一粒"种子",成功也是这样。梦想就是成功的起点,是成功的种子。如果你种下一粒麦种,每天为它浇水,它就会长成一株小麦;如果你种下一枚橡籽,每天为它浇水,它就会长成一棵橡树;梦想也是这样,如果你在脑海中构建一个梦想,把它种在心里,每天为它浇水,那么它也会成长起来。

梦开始的地方就是孕育成功的摇篮,现在种下梦想的种子,将来得到的就是梦想的果实。

有个突然失去双亲的孤儿,生活过得非常贫穷。那年唯一能让他熬过冬天的粮食就只有父母生前留下的一小袋豆子了。

但是,此刻的他却决定要忍受饥饿。他将豆子收藏起来,饿着肚子开始四处捡拾破烂,这个寒冬他就靠着微薄的收入度过了。

也许有人要问,他为什么要这么委屈或折磨自己,何不先用这些豆子充饥，熬过了冬天再说？

或许，聪明的人已经猜到了，原来在他小小的心灵里，充满着发了芽的脆绿豆苗。整个冬天，在孩子的心中，充满着播种豆苗的希望与梦想。

因此，即使这个冬天他过得再辛苦，甚至饿昏过去好几次，也不曾去触碰那袋"希望的种子"！

当温柔的春光普照大地，孤儿立即将那一小袋豆子播种下去，经过夏天的辛勤劳动，到了秋天，他果然得到了丰厚的回报。

然而，面对这次丰收，他丝毫没有满足，因为他还想要得到更大的收获。孤儿把当年收获的豆子再次存留下来，以便来年继续播种。

就这样，日复一日，年复一年，种了再收，收了又种。

后来，孤儿的房前屋后全都种满了豆子，他也告别了贫穷，成为当地最富有的农人。

在不断前进的人生中，凡是看得见未来的人，也一定能掌握现在，因为明天的方向他已经规划好了，知道自己的人生将走向何方。

就像故事里的主人翁，即使当下贫苦挨饿，却对未来充满憧憬，在饥寒交迫的冬天里，梦想成为他坚持下去的重要动力。

人生难免遇到挫折，重要的是，如何让自己勇敢地面对困难。在内心深处，种下梦想的种子，灌溉出一片美好田园。

怎样为梦想"浇水"呢？那就是培养自己的自信心，你要相信自己会有一个无可限量的未来，而任何艰难都不会成为你成功的阻碍。

你必须每天都对自己说："我相信我能行，我相信我能行，真的，我相信我能行！"

人生箴言

一个大成功者就是一个大梦想者，种下了梦想的种子，就是种下了成功的期望。

坚持自己的梦想，让别人去嘲笑吧

那是 1959 年，琼·哈珀在上三年级的时候。有一次，老师布置全班同学写一篇作文，让大家谈一谈自己长大以后想干什么。

那时，琼的父亲是北加利福尼亚农场小区的一名给作物喷洒农药的飞机驾驶员，琼就是在那里长大的，所以，她从小就非常痴迷飞机和飞行。对老师布置的这篇作文，琼全神贯注地去写，把她的全部梦想都写进去了：她想驾驶着飞机给作物喷洒农药，她想去跳伞，她想去实施人工降雨，并且还想成为一名客机飞行员。可是，最后，她的这篇作文却得了一个"F"（failure，不及格）。老师告诉她那是一篇"神话"，因为她所列举的工作没有一项是女人能够做的。听老师这么一说，琼伤心透了，感到失望、羞耻。

她把作文拿给她的父亲看。父亲对她说，她当然能够成为一名飞行员。"看看阿米莉娅·埃尔哈特（1897–1937，美国女飞行员），那个老师不知道自己在说些什么。"

然而，随着时间一天天地过去，琼还是被消极劝阻和否定态度给击倒了，每当她谈起自己梦想的时候，人们就会说："女孩子是不可能成为飞行员的，现在不会，将来也不会。你太异想天开，简直就是疯了。那是不可能的。"终于，琼认输放弃了。

　　高中的最后一年，琼的英语老师是多萝西·斯莱顿夫人。有一天，斯莱顿夫人给全班同学布置了一项作业："你想 10 年后从事什么工作？"琼思考着怎样写这项作业。做一名飞行员？那根本行不通。做一名空中小姐？可我又不够漂亮，航空公司不会接纳我的。做个妻子？可有谁会娶我呢？做一个服务员呢？嗯，这我能做，这没有问题。于是，琼就把这个想法写了下来。

　　斯莱顿夫人收齐了同学们的作文，两个星期以后，老师把作文发给了大家，问道："同学们，如果你们有足够的金钱，有充分的机会到最好的学校去上学，并且你们本身又具有足够的天分和才能，那么，你们将会干什么呢？"

　　琼的心中涌起了以往的热情，她感到激动、兴奋，把多年的梦想全都写下来。当同学们都写完之后，老师又问道："同学们，你们中间有多少同学的作文两次写的都一样？"没有一个同学举手。

　　斯莱顿夫人接着说的一番话改变了琼的生活道路。她说："我有一个小秘密想告诉你们大家，这就是，你们每一个人的确都有足够的才能和天分，都有机会去上最好的学校；而且，如果你们这种愿望特别强烈的话，你们就能够筹到足够的金钱。事实就是这样！你们离开学校之后，如果自己不去追求梦想，那么，没有人会来帮你忙。只要有强烈的愿望，就能够实现你的梦想。"

　　多年的沮丧和气馁带给琼的伤害和畏惧，在斯莱顿夫人这番真情实话面前消失了，琼感到振奋，也有一点害怕。下课之后，她走到讲台前，感谢斯莱顿夫人，并且告诉斯莱顿夫人她的梦想是成为一名飞行员。斯莱顿夫人站起身子，拍了一下桌子，说道："那好啊，努力去实现它吧！"

琼这样做了，但这不是一朝一夕就能实现的。琼为之苦苦奋斗了 10 年。在这 10 年里，她面对着种种阻力和压力，有沉默的怀疑，也有断然的反对。有人反对或羞辱她时，琼都默默地承受着，并且悄悄地努力寻求另外的门路。

终于，她成了一名私人飞机的驾驶员，并且还获得了驾驶货运飞机甚至短途客机所必需的资格证书，但是，她始终只能做一个副驾驶。她的老板毫不隐瞒地表示，之所以没有晋升她的职务，只是因为她是一位女性。甚至她的父亲也改变了当初的态度，劝说她去尝试干别的工作。他说："算了吧，你也算实现自己的理想了，别再拿自己的脑袋往墙上撞了！"

但是，琼回答道："爸爸，我不同意你的说法。我相信事情会改变的，到时候，我要成为这帮人的头头。"

1978 年，琼成为联合航空公司首批录取的三位女性实习飞行员之一，而当时，整个美国也只有 50 名女性飞行员。后来，琼·哈珀如愿以偿地担当了联合航空公司波音 737 客机的机长。

坚持梦想，有时需要承受世俗的偏见、误解甚至嘲笑。但正如斯莱顿夫人所说，只要有强烈的愿望，就能够实现梦想。因为有了强烈的愿望，才能不在乎别人的嘲笑，矢志不移地去追求梦想。

人生箴言

但丁说："走自己的路，让别人去说吧。"对于梦想，这句话同样适用——坚持自己的梦想，让别人去嘲笑吧。

不要给梦想设限

很多年以前，在美国纽约某街区的街头，有一位卖气球的小贩。每当他生意不好的时候，总要向天空中放飞几只气球。这样，就会引来很多玩耍的小朋友的围观，有的还兴高采烈地买他那色彩艳丽的氢气球。他的生意慢慢好了起来。

一天，当他在纽约街头重复这个动作时，他发现，在一大群围观的白人小孩子中间，有一位黑人小孩，用疑惑的眼光望着天空。他在望什么呢？小贩顺着黑人小孩的目光望去，他发现，天空中有一只黑色的气球也在飘飞。黑色，在黑人小孩的心中，代表着肮脏、怯弱、卑劣和下贱。

精明的小贩很快就看出了这个黑人小孩的心思，他走上前去，用手轻轻地触摸着黑人小孩的头，微笑着说："小伙子，黑色气球能不能飞上天，在于它心中有没有想飞的那一口气，如果这口气够足，那它一定能飞上天空！"

确实，能不能飞上天，关键在于气球里边有没有那口气，而不是在于气球的颜色。如果你认为你飞不起来，那你肯定就飞不起来。

你是不是总是在想：不可能的，我都这么大年纪了，怎么能跑那么远；我学历这么低，公司怎么会雇佣我；我长得不够漂亮，他（她）怎么会喜欢我？

这跟懦夫有什么区别？由于你的自我设限，导致身体内无穷的潜在能力和欲望没有发挥出来。自我设限和其他人性的弱点一样，让你流于平庸！我们有很多人就是活在这样那样的框框中。比如，有的人活在能力的框框中，总是对自己说："我没有这个能力，没有那个能力，所以我不能做到。"

有的人活在性别的框框中，总是对自己说："我是女人，不像男人可以做事业，所以我做不到……"

有的人活在过去经验的框框中，对自己说："因为我以前没经验。"或者说："因为我以前失败过，所以我做不到……"

有的人活在年龄的框框中，总是对自己说："我太年轻了，无法成功。"或者说："我太老了，无法成功。"

有一个年轻人梦想成为演说家，只有20岁的他不免心存疑虑："我这么年轻怎么可能成功呢？至少要到30岁以后才会有人听我的演讲吧。"后来他得知，世界第一流的演说家安东尼罗宾在23岁时已成绩卓著，名扬天下。于是，他大胆突破，以21岁的年龄在美洲大陆巡回演讲，教导很多人开发潜能、改变人生。他居然获得了很大的成功。

人生中有些地方不如意，多数是由于某些框框限制了你的行动，所有的限制必须先被你找出来，然后突破限制，跳出框框，你才能采取行动大步向前迈进。

哪一次创造性的发明或革命性的突破，或哪一个平凡人的成功，不是因为有人勇于突破框框，向原本以为不可能的事挑战，才有登峰造极的机会呢？不敢突破框框，给自己设限，永远只能像下面这个故事里的小象，一生都被锁链拴住。

小象出生在马戏团，父母都是马戏团的演员。因为小象很淘气，工作人员便用一条细铁链将它拴在铁杆上。

小象试图挣开铁链，但没挣脱，只得在铁杆周围活动。过了几天，小象又试图挣脱，还是没成功，小象很郁闷。

一次又一次尝试，小象都没有能挣脱锁链，渐渐地，小象不再去试了，它习惯了铁链。

小象渐渐长大了，以它的力气，要挣脱铁链是很容易的事了。但它再也想不到去那样做，在它心中，那条链子是"牢不可破"的。因此它只能永远在有限的范围内活动。

锁住小象的不是链子，是它心中对梦想的限制：认为自己做不到，所以从不去尝试。

人生箴言

打破心中自我设限的条条框框，你会发现，你比想象中的自己要强许多。

既然能飞，何不高飞

一天，一位记者到建筑工地采访，分别问了3个建筑工人一个相同的问题。他问第一个建筑工人正在干什么活儿，那个工人头也不抬地回答："我正在砌一堵墙。"他问第二个建筑工人，得到的回答是："我正在盖房子。"记者又问第三个工人，这次他得到的回答是："我在为人们建造漂亮的家园。"记者觉得3个建筑工人的回答很有趣，就将其写进了自己的报道。

若干年后，记者在整理过去的采访记录时，突然看到了这三个回答，三个不同的回答让他产生了强烈的欲望，想去看看那3个工人现在的生活怎么样。

等他找到那3个工人的时候，结果让他大吃一惊：当年的第一个建筑工人现在还是一个建筑工人，仍然像从前一样在砌墙；而在施工现场拿着图纸的设计师竟然是当年的第二个工人；至于第三个工人，记者没费多少工夫就找到了，他现在成了一家房地产公司的老板，前两个工人正在为他工作。

一个人的目标影响着他的行动，从而直接决定了他将来的前途。

因为目标太低，不能发挥应有的能力把工作做好的人比比皆是，这是很可悲的。这些人毫无兴趣地做着毫无意义的事。正如一位作家所说："在这个世界上最让人欣慰的是，几乎没有人会真的跌到谷底。最可悲的是明明有能力飞，但很少有人飞到高处。"

如果换个说法，就是说我们自己主动成为了平庸的牺牲品。原本可以不平凡地度过一生，却自己甘愿做个凡夫俗子，具有才能却未能有一番作为。

中央电视台的一个公益广告，相信很多人都有印象，广告的内容大致是这样的：一个很喜欢舞蹈的农家女孩，她的最大梦想就是希望有机会能够在真正的大舞台上尽情地表演她那优美的舞姿，于是，她便不断地努力着，就连做梦也梦到自己在跳舞，最终她实现了自己的梦想！而那句经典的广告词就是：每个人心中都有一个自己的舞台！心有多大，舞台就有多大！

就像开头故事中的建筑工人，同样是在砌砖，但因为梦想不同，于是就有了截然不同的结局。对于很多人来说，砌砖、砌墙，只是砌砖砌墙而已，而很少能想到自己是在盖一座高楼，他们的一生也就只能在砌砖砌墙中度过了。而第三个工人却因为心中拥有远大理想，而明白这是在向自己的梦想所做的努力和尝试！于是他终于盖起了心目中的高楼大厦！

只要我们拥有一个美丽的梦想，然后正确地去面对一切困难、一切挑战，不断地尝试，不断地努力，心目中的梦想就不会太遥远！因为在我们每个人的心中都有一个自己的舞台！心有多大，舞台就有多大!

人生箴言

　　这个世界对竭尽所能的人赠予的是阳光大道，对只出一半力气的人给予的是弯曲小径，这是永远不变的真理。既然能飞，何不高飞?

把行动和空想结合起来

一位来自马萨诸塞州的乡下小伙子登门拜访年事已高的爱默生。小伙子自称是一个诗歌爱好者,从 7 岁起就开始进行诗歌创作,但由于地处偏僻,一直得不到名师的指点,因仰慕爱默生的大名,故千里迢迢前来寻求文学上的指导。

这位青年诗人虽然出身贫寒,但谈吐优雅、气度不凡。老少两位诗人谈得非常融洽,爱默生对他非常欣赏。

临走时,青年诗人留下了薄薄的几页诗稿。爱默生读了这几页诗稿后,认为这位乡下小伙子在文学上将会前途无量,决定凭借自己在文学界的影响大力提携他。

爱默生将那些诗稿推荐给文学刊物发表,但反响不大。他希望这位青年诗人继续将自己的作品寄给他。于是,老少两位诗人开始了频繁的书信来往。

青年诗人的信一写就长达几页,大谈特谈文学问题,激情洋溢,才思敏捷，表明他的确是个天才诗人。爱默生对他的才华大为赞赏，在与友人的交谈中经常提起这位诗人。青年诗人很快就在文坛有了一点小小的名气。

但是，这位青年诗人以后再也没有给爱默生寄来诗稿，信却越写越长，奇思异想层出不穷，言语中开始以著名诗人自居，语气越来越傲慢。

爱默生开始感到了不安。凭着对人性的深刻洞察，他发现这位年轻人身上出现了一种危险的倾向。

通信一直在继续。爱默生的态度逐渐变得冷淡，成了一个倾听者。

很快，秋天到了。

爱默生去信邀请这位青年诗人前来参加一个文学聚会。他如期而至。

在这位老作家的书房里，两人有一番对话："后来为什么不给我寄稿子了？"

"我在写一部长篇史诗。"

"你的抒情诗写得很出色，为什么要中断呢？"

"要成为一个大诗人就必须写长篇史诗，小打小闹是毫无意义的。"

"你认为你以前的那些作品都是小打小闹吗？"

"是的，我是个大诗人，我必须写大作品。"

"也许你是对的。你是个很有才华的人，我希望能尽早读到你的大作品。"

"谢谢，我已经完成了一部，很快就会公之于世。"

文学聚会上，这位被爱默生所欣赏的青年诗人大出风头。他逢人便谈他的伟大作品，表现得才华横溢，锋芒咄咄逼人。虽然谁也没有拜读过他的"大作品"，即便是他那几首由爱默生推荐发表的小诗也很少有人拜读过，但几乎每个人都认为这位年轻人必将成大器，否则，大作家爱默生能如此欣赏他吗？

转眼间，冬天到了。

青年诗人继续给爱默生写信，但从不提起他的"大作品"。信越写越短，语气也越来越沮丧，直到有一天，他终于在信中承认，长时间以来他什么都没写而且以前所说的"大作品"根本就是子虚乌有之事，完全是他的空想。

他在信中写道："很久以来我就渴望成为一个大作家，周围所有的人都认为我是个有才华有前途的人，我自己也这么认为。我曾经写过一些诗，并有幸获得了阁下您的赞赏，我深感荣幸。

使我深感苦恼的是，自此以后，我再也写不出任何东西了。不知为什么，每当面对稿纸时，我的脑中便一片空白。我认为自己是个大诗人，必须写出大作品。在想象中，我感觉自己和历史上的大诗人是并驾齐驱的，包括和尊贵的阁下您。

在现实中，我对自己深感鄙弃，因为我浪费了自己的才华，再也写不出作品了。而在想象中，我是个大诗人，我已经写出了传世之作，已经登上了诗歌的王位。尊贵的阁下，请您原谅我这个狂妄无知的乡下小子……"

从此以后，爱默生再也没有收到这位青年诗人的来信。

爱默生告诫我们："一个人年轻时，谁没有空想过？谁没有幻想过？想入非非是青春的标志。但是，我的青年朋友们，请记住，人总归是要长大的。天地如此广阔，世界如此美好，你们的未来不仅仅是需要一对幻想的翅膀，更需要一双踏踏实实的脚！"

西方精神分析学大师弗洛伊德将这种空想命名为"白日梦"。他认为，白日梦就是人由于在现实生活中某种欲望得不到满足，于是通过一系列的幻想在心理上实现该欲望，从而为自己在虚无中寻求到某种心理上的平衡。

弗氏理论还提出了一个关键性的词：逃避。也就是说，过分沉湎于空想的人必定是一个逃避倾向很浓的人。此言一语中的。这正是空想带给人的极大危害性。

没有行动的梦想只能是空想，只会空想的人不可能有成功的机会。只有将空想和行动结合起来，才能实现梦想。

一个叫辛迪的女孩梦想自己能当上电视节目主持人，她知道天下没有免费的午餐，一切成功都要靠自己努力去争取。她白天打工，晚上在大学的舞台艺术系上夜校。毕业之后，她开始谋职，跑遍了洛杉矶的每一个广播电台和电视台。但是，每个地方的经理对她的答复都差不多："不是已经有几年经验的人，我们不会雇用的。"

但是，她不愿意退缩，也没有等待机会，而是走出去寻找机会。她一连几个月仔细阅读广播电视方面的杂志，最后终于看到一则招聘广告：北达科他州有一家很小的电视台招聘一名预报天气的女孩子。

辛迪是加州人，不喜欢北方。但是，有没有阳光、是不是下雨都没有关系，她希望找到一份和电视有关的职业，干什么都行！她抓住这个工作机会，动身到北达科他州。

辛迪在那里工作了 2 年，最后在洛杉矶的电视台找到了一份工作。又过了 5 年，她终于得到提升，成为她梦想已久的节目主持人。

人生箴言

对夸夸其谈的人来说，梦想永远是海市蜃楼。只有脚踏实地地为梦想去努力，才能将梦想变为现实。

新生活从选定方向开始

比赛尔是西撒哈拉沙漠中的一颗明珠,每年有数以万计的旅游者到这儿来观光。可是在肯·莱文发现它之前,这里一直是一个封闭而落后的地方。这儿的人没有一个走出过大漠,据说不是他们不愿离开这块贫瘠的土地,而是尝试过很多次都没能成功。

肯·莱文当然不相信这种说法。他用手语向这儿的人询问原因,结果每个人的回答都一样——从这儿无论向哪个方向走,最后都还是转回出发的地方。为了证实这种说法,他做了一次试验,从比塞尔村向北走,结果三天半就走出了大漠。

比塞尔人为什么走不出来呢?肯·莱文非常纳闷,最后他雇了一个比塞尔小伙子阿古特尔,让他带路,想看看到底是什么东西在作怪。他们带了半个月的水,牵了两峰骆驼,肯·莱文收起指南针等现代设备,只挂一根木棍跟在小伙子后面。

10天过去了,他们走了大约800英里的路程。第11天的早晨,他们果然又回到了比塞尔。这一次肯·莱文终于明白了，比塞尔人之所以走不出大漠，是因为他们根本就不认识北斗星。

在一望无际的沙漠里，一个人如果凭着感觉往前走，他会走出许多大小不一的圆圈，最后的足迹十有八九是一把卷尺的形状。比塞尔村处在浩瀚的沙漠中间，方圆上千公里没有一点参照物，若不认识北斗星又没有指南针，想走出沙漠确实是不可能的。

肯·莱文在离开比塞尔时，告诉阿古特尔，只要白天休息，夜晚朝着北面那颗星走，就能走出沙漠。阿古特尔照着去做，3天之后果然来到了大漠的边缘。阿古特尔因此成为比塞尔的开拓者，他的铜像被立在小城的中央。铜像的底座上刻着一行字：新生活是从选定方向开始的。

这个故事告诉我们，一个人无论现在多大年龄，真正的人生之旅，是从设定目标的那一天开始的，以前的日子只不过是在绕圈子而已。

要想获得成功，就必须有一个清晰明确的目标，目标是催人奋进的动力。虽然你每天不停地奔波劳碌，如果没有目标，可全是无用功。而那些成功人士，他们目标明确，所以他们能轻松地一直走到成功。

有一个年轻人向一位心理咨询师诉说苦恼："我很想做和现在不同的事，但是不知道做什么才好。"

"那么，你准备什么时候实现那个还不能确定的目标呢？"心理咨询师问。

年轻人对这个问题似乎既困惑又激动，他说："我不知道。我的意思是我总想做某件事情，但我又不能确定能不能做。"

咨询师建议他花 2 星期的时间考虑自己的将来，并明确决定自己的目标，不妨用最简单的文字将它写下来，然后估计一下何时能顺利实现，得出结论后就写在卡片上。

2 个星期以后，这个年轻人像完全变了一个人似的出现在咨询师面前。这次他带来明确而完整的构想，他已经掌握了自己的目标，那就是要成为他现在工作的高尔夫球场的经理。现任经理 5 年后退休，所以他把实现目标的日期定在 5 年后。

他在这 5 年的时间里确实学会了担任经理所必需的学识和领导能力。经理的职务一旦空缺，没有一个人是他的竞争对手。

5 年后，他很顺利地实现了自己的目标，而且，他在公司里的地位十分重要，成为了不可缺少的人物。在以后的工作中，他始终根据公司的人事变动决定自己未来的目标。最后他一直做到了公司执行董事的高位，现在他过得十分幸福，对自己的人生非常满意。

人的行为的特点是有目的性。一般来说，没有目标的行为很难成功，而有目标的行为，成功的机会很大。奋斗目标对人来说有强大的激励作用。人的活动如果没有理想的鼓励，就会变得空虚而渺小。

人生箴言

如果你现在觉得自己浑浑噩噩、得过且过，那么立即为自己选定一个目标或者梦想吧，它会重新点燃你对生活的激情。

一步一个脚印

1968 年春天，萝伯·舒乐博士决心在美国加州建造一座水晶大教堂。他向著名的设计师菲利普·强生说出了自己的梦想："我要建造的不是一座普通的大教堂，而是要建造一座人间的伊甸园。"

菲利普问他："预算需要多少钱？"

萝伯博士坦率而明确地回答："我现在一分钱也没有，对我来说，建造这座大教堂，是需要 100 万美元还是需要 400 万美元没有本质上的区别。重要的是，这座水晶大教堂本身一定要具有足够的魅力来吸引捐款。"

后来，水晶大教堂的预算初步定为 700 万美元。这 700 万美元对于当时的萝伯博士来说，不仅超出了他的能力范围，而且也超出了众人能够理解的范围。

萝伯博士在白纸上写下了他的计划：

（1）寻找 1 笔 700 万美元的捐款。

（2）寻找 7 笔 100 万美元的捐款。

（3）寻找 14 笔 50 万美元的捐款。

（4）寻找 28 笔 25 万美元的捐款。

（5）寻找 70 笔 10 万美元的捐款。

（6）寻找 100 笔 7 万美元的捐款。

（7）寻找 140 笔 5 万美元的捐款。

（8）寻找 280 笔 2．5 万美元的捐款。

（9）寻找 700 笔 1 万美元的捐款。

（10）卖掉 1 万扇窗户，每扇 700 美元。

从此，萝伯博士开始了坚持不懈的漫长募捐生涯。

第 60 天的时候，富商约翰被水晶大教堂奇特而美妙的模型所打动，提供了 100 万美元的捐款。

第 65 天的时候，一位听了萝伯博士演讲的农民夫妇，捐出了 1000 美元。

第 90 天的时候，一位被萝伯博士孜孜以求的精神所感动的陌生人，开出了一张 100 万美元的银行支票。

第 8 个月的时候，一名捐款者对萝伯博士说："如果你的努力能筹到 600 万美元，那剩下的 100 万美元就由我来支付。"

第二年，萝伯博士以每扇窗户 500 美元的价格请求美国人认购水晶大教堂的窗户，付款的方法为每月 50 美元，10 个月分期付清。实际情况比预想的要好得多，还不足 6 个月，1 万多扇窗户就全部认购完毕。

建造水晶大教堂共用掉了 2000 万美元，比最初的预算多得多，全部是萝伯博士一点一滴筹集来的。

1980 年 9 月，历时 12 年，可容纳一万人的水晶大教堂全部竣工，成为世界建筑史上的一个奇迹，也成为世界各地前往加州的人必去游览的胜景——名副其实的人间伊甸园。

一步一个脚印地去追寻自己的梦想，就能构筑成功之塔。每一点成功，无论它是多么微不足道，都在帮助你向梦想靠近。一步一个脚印，我们每天都在体验成功。

安雯一直都是一位积极的、很投入的全职太太和母亲。她全身心地照顾和支撑着家庭。她有个儿子，患有脑积水，需要悉心照料。随着孩子一天天长大，安雯却越来越不安宁。她渴望有自己的事业，她想成为计算机应用方面的行家。

但是，如何在计算机这个男性占据统治地位的行业里占得一席之地，得到大家的认可和接受，对安雯来说，是一个不小的挑战。带着大家对她的鼓励，她脚踏实地，一步一个脚印地走下去：进成人教育班学习；为计算机入门的学生当义务辅导员；做业余兼职打工；在象征性收费的小型研讨会上作报告等。最后她取得了成功，成为一位计算机咨询商行的职业经理人。

可以说，安雯的成功之路是用一步一步的小成功铺就而成的。

人生箴言

梦想的实现没有捷径，只能是朝着目标一步一步地走下去。

将梦想分解成小目标

1984年，在东京国际马拉松邀请赛中，名不见经传的日本选手山本田一出人意料地夺取了世界冠军。当记者问他凭什么取得如此惊人的成绩时，他说了这么一句话："凭智慧战胜对手。"

当时许多人都认为这个偶然跑到前面的矮个子选手是在故弄玄虚。马拉松赛是考验体力和耐力的运动，只要身体素质好又有耐力就有希望夺冠，爆发力和速度还在其次，说凭智慧取胜确实有点勉强。

2年后，意大利国际马拉松邀请赛，山本田一代表日本参加比赛。这一次，他又获得了世界冠军。记者请他谈谈经验。山本田一的答案仍是上次那句话："用智慧战胜对手。"这回记者在报纸上没再挖苦他，但对他所谓的"智慧"困惑不解。

10年后，这个谜终于揭开了，他在自传中说："每次比赛之前，我都要乘车把比赛的路线仔细看一遍，并把沿途比较醒目的标志画下来。比如第一个标志是银行，第二个标志是一棵树，第三个标志是一栋红房子……这样一直画到赛程的终点。比赛开始后，我就以百米的速度奋力地向第一个目标冲去，等到达第一个目标后，我又以同样的速度向第二个目标冲去。40多公里的赛程就被我分解成无数个小目标轻松地跑完了。起初，我并不懂得这样的道理，我把我的目标定在40多公里外的终点线上，结果我跑到十几公里的时候就已经疲惫不堪了，我被前面那段遥远的路程给吓倒了。"

在现实中，我们做事之所以会半途而废，往往不是因为难度大，而是觉得梦想离我们太远。确切地说，我们不是因为失败而放弃，而是因为害怕而放弃。

梦想的实现是一个渐进的过程，必须脚踏实地一步步前进，急于求成是不行的。将梦想分解成小目标，不仅有利于避免急于求成的心态，也有助于消除倦怠心理，增强克服困难、战胜挫折的勇气和信心。一环套一环地前进，前一段将是后一段的基础，依次做好每一段的事，方能取得最终的胜利。

经常听到一些人抱怨说："我一直都想成为一个成功的人，所以我把自己的目标定得比较高，因为我是做大事的人，所以没必要去做小事。我曾以为自己通过坚持不懈的努力就会成功，可长时间下来，我一直被不能实现目标的挫折感所困扰，也对自己的能力产生了怀疑。"其实山田本一的故事就让我们明白了与其好高骛远，不如从一点一滴的小事做起，直达成功的彼岸。大事都是由小事积累的，梦想也一样，梦想都是由小目标组成的。把自己的梦想分解成几个阶段目标，再把这几个阶段目标进一步细分量化，分解成每月的工作目标、每周的工作目标、每天的工作目标，这样，通过每天实现自己的小目标，每天提高一点，每天改进一点，不断取得工作上的进步，那么实现梦想的信心也就越来越强。这样，实现最终梦想也就不是一件难事了。

人生箴言

　　每天实现一个小目标，日积月累，水到渠成，梦想自然成真。

为梦想冒险

你有梦想吗？你在心里是否盘算着一笔生意呢？你打算回避由于畏惧而带来的职业风险吗？如果你能肯定地回答其中的任何问题，将会有益于你的发展。现在抽一点空闲时间做一做如下的练习，对你会有帮助的。

取一张纸，画出三栏。分别标上"我的梦"或"我打算干什么""约束或制约我的畏惧"和"怎样才能转化这些畏惧"。在对应的标题下快速写下你想到的答案。

然后，拿出你面对畏惧的才能和勇气。从畏惧中找回自我意识，并鼓励自己去冒险，为梦想而冒险。如果你还是不敢去冒险，听听下面这个故事吧。

在一般人眼中，拾破烂的一定是穷人，想靠拾破烂成为百万富翁是近乎天方夜谭的事。可是，真就有人做到了。

沈阳有个以拾破烂为生的人，名叫王洪怀。有一天他突发奇想，自己收一个易拉罐，才赚几分钱，如果将它熔化了，作为金属材料卖，是否可以多卖些钱？他于是把一个空罐剪碎，装进自行车的铃盖里，熔化成一块指甲大小的银灰色金属，然后花了600元在有色金属研究所做了化验。化验结果出来了，这是一种很贵重的铝镁合金！当时市场上的铝锭价格，每吨在14000元至18000元之间，每个空易拉罐重18.5克，54000个就是一吨，这样算下来，熔化后的材料价值比易拉罐高出六七倍。他果断决定回收易拉罐后熔炼。

从拾易拉罐到冶炼易拉罐，一念之间，不仅改变了他所做的工作的性质，也让他的人生走上了另外一条轨迹。

为了多收到易拉罐，他把回收价格从每个几分钱提高到每个一角四分，又将回收价格以及指定收购地点印在卡片上，向所有收破烂的同行散发。一周以后，王洪怀骑着自行车到指定地点一看，只见一大片货车在等着他，车上装的全是空易拉罐。这一天，他回收了13万多个，足足两吨半。

向他提供易拉罐的同行们，卸完货仍然去拾他们的破烂，而王怀洪却彻底改变了自己的命运。

他立即办了一个金属再生加工厂。一年内，加工厂用空易拉罐炼出了240多吨铝锭，3年内，赚了270万元。他从一个"拾荒者"变成百万富翁。

一个收破烂的人，不仅能够想到拾，还要改造拾来的东西，这已经不简单了。改造之后能够送到科研机构去化验，就更是具有了专业眼光。至于600元的化验费，得拾多少个易拉罐才赚得回来呀？一般的拾荒匠是绝对舍不得的。虽然是个拾荒匠，却少有畏惧、认命的心态，敢想敢做。这样的人，不管他眼下的处境怎样，成功是迟早的事。

有一句歌词说"没有人能随随便便成功"。要实现梦想，不冒一点风险几乎是不可能的。把风险看成梦想的一部分，鼓励自己大胆地为梦想拼搏吧。

克制欲望，抵制诱惑

有句话说得好："不是我不明白，这世界变化快。"在向梦想进发的旅途中，我们无疑会遭遇到各种各样的诱惑。功名利禄，金钱美色，哪样不在冲你闪烁着诱人的光芒？

鱼儿为了鱼饵，做了鱼钩的幽魂；鸟儿为了啄食，丧生在猎人的网中。很多动物都是因为抵御不了食物的诱惑才丧失了生命，可见诱惑的力量是强大的，它能够使你失去生命都在所不惜。但是，人是有理智和思想的高级生物，应当对自己的行为和选择担当起责任。

古往今来，与欲望作斗争，是人们常说常新的话题。2002年4月23日，济南市中级人民法院一审判处潘广田无期徒刑，剥夺政治权利终身，没收财产8万元。潘广田是新中国成立以来山东查处的级别最高的贪官，也是全国查处级别最高的党外领导干部；他原任山东省政协副主席、省工商联合会会长，是副省级干部。事后潘广田说他"后悔欲绝""肠子都悔青了"。他终于明白自己对金钱的欲望坑害了他。那些行贿人送来的不是钱，而是定时炸弹！潘广田37岁才结婚，非常珍惜家庭，爱自己的女儿，为女儿出国留学，他一门心思攒钱。其实，他家里并不缺钱，他和妻子都在银行系统工作，加上奖金、补助，每月收入上万元。他说："我住的房子140多平方米，出行有公家的轿车，看病有公费医疗，我的生活早就超过了小康水平。我为什么还要受贿？为什么要犯罪！"他指着自己的头说："我的头发全变白了。我现在真正体会到后悔欲绝的滋味。"

　　健力宝集团总裁李经纬是三水区白坭镇人，苦孩子出身，遗腹子，父亲死于战乱，母亲无力抚养，便将他送到了广州东山区孤儿院。小时候，他擦过皮鞋，做过印刷工人，在戏院给有钱人扇过扇子，没进过一天学堂。20世纪70年代，李经纬通过自己的努力担任了三水酒厂厂长的职务，一生事业奠基于此。他的创业过程是艰苦的，曾经亲自背着米酒到佛山和广州挨家挨户推销。后来他创办了健力宝集团，应该说对国家作出了不小的贡献，在百姓眼中也是响当当的人物。但是，他最终还是跌倒在了欲望的泥坑里。

　　某市委常委，不到40岁，拥有很多头衔——博士、CPA、律师，年少有为，恃才傲物。结果，他在40岁生日前一天被双规。原来，他在外省任职时共收受贿赂1000多万元人民币。

　　还有一个政府公务员。10年前，他不到30岁，已挣了几百万。他想投身社会做点为民服务的工作，便报考了公务员，成为某地国土局的干部。但可惜的是，他竟走上了一条邪路。他利用手中掌管的权力，10年间敛财1000多万，最后落得个身败名裂的下场。

　　人的欲望是无止境的，如果对欲望不加以克制，就不能抵制无处不在的诱惑。夏娃和亚当就是因为经不起诱惑偷吃了禁果，被逐出了伊甸园；佛陀的弟子须提那本来已经出家了，但是回家的时候经不起妻子的诱惑，做出和修行不相符的事情，所以让佛陀有了制定戒律的根据。

假如你禁不起金钱的诱惑，你的生命、你的名誉，就掌握在了金钱的手中；你禁不起名利的诱惑，你的生命、你的道德，就掌握在了名利的手中；假如你禁不起爱情的诱惑，你的生命、你的道德，就掌握在了爱情的手中；假如你禁不起甜言蜜语、富贵荣华的诱惑，你的人生就不能自救，就会没有力量，就会迷失在诱惑的泥沼里。

人抵制不了外界的诱惑，是因为自己的内心无力。纣王抵制不了妲己的美色，商纣就要亡国；多少有为的青年抵制不了金钱的诱惑，甘心作奸犯科，从而做了金钱的俘虏。

一位哲人说过："你的财宝在哪里，你的心也在哪里。"是的，人一旦把世俗的财宝当成人生的目的，生活方式被名利所主宰，就会迷恋现实的享受和未来的荣耀，身心也就会因为过度的物欲所累而失去自由。

有位哲学家说过："简单的生活是幸福。"活得简朴，才活得轻松、活得自由，才会有更多的时间去享受生活的乐趣。无节制地追求生活享受，就会成为物欲的俘虏。广而言之，摒弃那些不必要的身外之物，不为物欲所牵累，不为虚浮所困扰，就可以比较超脱。让自己活得简朴，活得单纯，进入从容自如、恬淡清明的境界，去获取人生更高层次的充实和丰富。正如郑板桥的题竹词所云——"见繁削去留清瘦"。

人生箴言

　　克制欲望，才能让梦想不偏离原有的方向；抵制诱惑，才能专心致志地向梦想迈进。

为了梦想学会放弃

一位农夫家里很穷。在好心人的帮助下，他给一个企业值夜班，以赚取一些微薄的收入供几个孩子读书。每晚他必备的工具是一把手电筒。

一日，农夫买了两节新电池，由于节省惯了，他舍不得丢掉还有一些光亮的旧电池，便用其中的一节与新电池配套使用。一晚下来，手电的光线变得微弱昏黄，农夫又换上另一节新电池与旧电池配套使用。可用了没多久，电池又都没电了。农夫很纳闷，本来打算节省几节电池的，结果却浪费了不少。

为什么会这样呢？因为农夫不懂得一个道理——那节他舍不得丢弃的旧电池已成为电阻，白白耗费了新电池里的能量。

人也一样，背负的东西太多，舍不得放弃的东西太多，自身的潜力就得不到最大限度的释放。只有排除生活中的电阻，弃旧迎新，人生才能高效运转，从而散发出全部的光和热。

曾经有两个人去寻宝，经过长途跋涉，他们的背包已被各式各样的宝石装得满满的，成果颇丰。就在两人疲惫不堪、准备打道回府时，一座高耸入云的山出现在他们的视野里，两个旅人兴奋不已，因为他们相信传说中百年一遇、价值连城的宝物一定在山中。其中一个旅人取出他包中所有收集来的宝石，准备轻装上阵，去追求绝世珍宝。另一个旅人则犹豫再三，决定两者都要。他背着那沉重的包袱爬上山，结果由于重心不稳，一阵强风吹来，他坠入了深渊，第一个旅人用他的放弃获得了梦寐以求的绝世珍宝。

　　放弃当然是需要勇气的。为了追求我们的理想，我们必须要学会放弃、敢于放弃。放弃是一种智慧。为了梦想，我们不仅要敢于放弃，更应善于放弃。小树剪掉枝叶是为了长得更直，小鸟脱掉杂毛是为了飞得更高。该留的保留，该丢的丢弃，学会放弃，是为了追求更高的目标。

　　昭明太子为了编撰《文选》，归隐山林，放弃了王位继承权；鲁迅为了民族的前途，弃医从文，放弃平坦的人生之路……因放弃而获得伟大成就的例子可以说数不胜数。

　　一般来说，人的天性是习惯于获得而不习惯放弃已经拥有的东西。呱呱坠地以后，我们便不断地获得，从父母那里获得衣食、玩具、爱和抚育，从社会得到职业的训练和文化的培养。长大成人以后，我们靠着自然的倾向和自己的努力继续获得：获得爱情、配偶和孩子，获得金钱、财产、名誉和地位，获得事业的成功和社会的承认，等等。

　　然而，世界上的事物都是相辅相成的，有取便有舍，有得便有失。客观事物不可能都以人的主观意志为转移。在追求梦想的路上，你必定要受到许多诱惑。但要明白,当你决定追求这个,便要放弃那个;你不可能鱼和熊掌兼得,也不可能想要什么就能得到什么。

放弃,还要敢于和过去的"我"诀别,拓展现在的"我"。放弃是为了放下包袱,轻装前进;拓展是为了扩大自己的领域,产生全新的自我。惧怕丢弃,就不能真正超越自我,就会拘泥于狭窄的得失怪圈中,就会过分谨慎,甚至愚蠢。

人生箴言

松、梅、菊、竹因为放弃安逸和舒适,得到了笑傲霜雪的艳丽;大地因为放弃绚丽斑斓的黄昏,迎来了旭日东升的曙光;船舶因为放弃安全的港湾,收获了满船深海中的鱼虾;人因为放弃灯红酒绿的诱惑,得到了专注地向梦想进发的能量。

第六篇　停止抱怨和拖延，立即行动

不要被抱怨控制

一对夫妇刚到深圳打拼时相依为命，感情倒也融洽。但在深圳站稳脚跟后不久，丈夫便很少和妻子说话了，一回家就忙着上网，任凭妻子在一旁唠唠叨叨，他似乎充耳不闻，妻子的感受他已经不在乎了。曾经恩爱的夫妻形同陌路，妻子感到凄凉：十年婚姻难道就这样走到了尽头？要知道，以前老公可是公认的顾家、恋家的好男人啊。

为什么丈夫会变成这样？妻子百思不得其解！

终于，妻子找了个合适的机会问丈夫为什么会变成这样。丈夫很坦白："我实在受不了你唠唠叨叨的抱怨了，来深圳以后，你就从来没有停止过抱怨，没有房子的时候你抱怨没有房子，等我好容易赚够了钱买了房子，你又开始了抱怨，嫌房子在关外，上班路程太远。你从来就只会对我发泄、抱怨，从来没有体会过我的任何感受，我感觉和你在一起生活真没有意思。"

妻子惊呆了，也庆幸找到了症结所在。妻子是一个心直口快的人，有什么事情不愿意憋在肚子里。由于刚从内地来到深圳的时候有些不适应，妻子经常抱怨。从深圳的社会风气到居住生活环境、从家庭的小纠纷到朋友的纷争、从上班塞车迟到到刚买的衣服打了折、从老板批评到同事之间相互倾轧等等，她看什么都不顺眼，做什么都不称心，事事不满，处处抱怨，并将所有的不满都发泄到老公身上，从来就没有考虑过丈夫的感受。

妻子明白了，抱怨太多，只会毁灭自己含辛茹苦建立起来的家庭。与其徒劳无益地浪费时间，不如转变心态，寄放忧愁，化解怨气。随后，妻子调整了自己的心态，抱着一份"生活多滋味，咸淡两由之"的心态，不再为生活中的小事、琐事喋喋不休。少了埋怨，多了和谐，夫妻关系也慢慢改善了。

如今，由于生活节奏加快，社会竞争加强，陷入抱怨情绪的人越来越多了。不少人在工作中总是想自己"应该要什么"，抱怨自己"没有得到什么"，却没有问自己一句："面对从事的职业自己还缺乏什么，可能要付出什么，做得合不合格。"

两年前，一位朋友从外地来北京打工。起初，他和公司其他的业务员一样拿很低的底薪和很不稳定的提成，工作很辛苦。他在电话里向父亲抱怨说："老板太抠门了，给我们这么低的薪水。"慈祥的父亲并没有问他薪水的数额，而是问他："你为公司创造了多少财富？你拿到的与你给公司创造的是不是相符？"他没有回答父亲的问题，但从此他再没有抱怨过老板，也从不抱怨自己，只是更加勤奋地工作。

两年后，他被提升为公司主管业务的副总经理，工资待遇提高了很多，但他仍牢牢记住父亲说过的那句话："今年我为公司创造了多少财富？"有一天，他手下的几个业务员向他抱怨："这个月在外面风吹日晒，吃不好，睡不好，辛辛苦苦，大老板才给我1500元！你能不能跟大老板提一提增加一些酬劳。"他问业务员："我知道你们吃了不少苦，应该得到回报，可你们想过没有，你们这个月每人给公司只赚回了2000元，公司给了你们1500元，公司得到的并不比你们多。"业务员们听后都不再说话，此后，他手下的业务员成了全公司业绩最优秀的，他也被老总提拔为常务副总经理，这时他才27岁。他去人才市场招聘员工时，凡是抱怨以前老板没有水平、给的待遇太低的人一律不招聘，他说："持这种心态的人，不懂得反思自己，只会抱怨别人。"

是啊，当我们遇到不幸的事，可以怨天尤人、痛骂社会，甚至自责，但事情并不会因这些抱怨而改变，却让我们自己被抱怨所控制，失去积极应对困境的能力。

有一位高层管理人员曾经愤然离开了好几个老板，抱怨老板的种种不是。三年后，当他在自己最喜欢的事业上被老板辞退的时候，他终于明白是自己一直欠缺必备的能力，而不是原先的老板没有赏识他。

一个人如果总想着自己应该得到多少，那他永远都不会满足。而如果遇事先想想自己作了多少贡献，他就会发觉生活并不曾亏待过任何人。也许在某个时间段内，有的人付出的多，得到的少；有的人付出的少，得到的多，但从整个人生来看，付出和得到最终是会相符的。

把抱怨当成习惯，会让你失去与别人交流的能力。去改变你能改变的，来适应你不能改变的，永远不要抱怨。

停止抱怨，为成功做好准备

一个年轻人大学毕业刚参加工作不久，有一天他向朋友抱怨说，老板总不让他做重要的工作，他做的都是打杂之类的琐事。就这样老板还经常教训他，要他虚心学习，不要老犯那种低级错误。他说他再也受不了了，与老板争论了几次后，发现没什么变化。他就想，既然在这个地方发挥不了作用，不如趁早换个地方。朋友听了之后微微一笑，对他说："先在那个公司待着，以后不要再和老板辩解，专心做好自己的事情，你应该向他证明你有做好工作的能力；同时悄悄地学习老板和同事的工作经验和技巧。等你把本事都学会了以后，再理直气壮地离开也不迟。"

大约一年后，当年轻人再来找这位朋友的时候，朋友发现他变化很大。脸上写满自信的他对朋友说，现在不想跳槽了，因为他已经成了老板的左膀右臂，老板很器重他，给他空间让他发挥。他觉得浑身都是劲，生活很充实。

抱怨，是年轻人常犯的毛病，总以为自己才华横溢，抱怨伯乐太少。不肯干苦活儿累活儿，总希望一步登天。当你在抱怨世道不好，抱怨学校不是名校，抱怨中午的工作餐简直不是人吃的，抱怨没有一个有钱有势的老爸，抱怨工作差、工资少，抱怨空怀一身绝技却没人赏识……你当然就会觉得现实竟然如此残酷，从而表现出对未来的失望。其实就算生活给你的是垃圾，你同样能把垃圾踩在脚底下，登上世界之巅。这个世界只在乎你是否到达了一定的高度，而不在乎你是踩在巨人的肩膀上，还是踩在垃圾堆上。

　　无论从事什么样的工作，决定人成功的最重要的因素不是智商、领导力、沟通技巧、组织能力、控制能力等等，而是一种努力行动——为成功积蓄力量的行动。齐瓦勃以他的成功很好地诠释了这一点。

　　齐瓦勃是伯利恒钢铁公司——美国第三大钢铁公司的创始人。他出生在美国乡村，只受过短暂的学校教育。15岁那年，家中一贫如洗的他来到一个山村做马夫。然而雄心勃勃的齐瓦勃无时无刻不在寻找着发展的机遇。3年后，齐瓦勃来到了钢铁大王卡内基所属的一个建筑工地打工。当其他人都在抱怨工作辛苦、薪水低并因此而怠工的时候，齐瓦勃却一丝不苟地工作着，并开始自学建筑知识。

　　一天晚上，同伴们都在闲聊，唯独齐瓦勃躲在角落里看书。恰巧公司经理到工地检查工作，经理看了看齐瓦勃手中的书，又翻了翻他的笔记本，什么也没说就走了。第二天，公司经理把齐瓦勃叫到办公室，问他："你学那些东西干什么？"齐瓦勃说："我想我们公司并不缺少打工者，缺少的是既有工作经验、又有专业知识的技术人员或管理者，对吗？"经理点了点头。不久，齐瓦勃就被升任为技师。有人讽刺挖苦齐瓦勃，他回答说："我不光是在为老板打工，更不单纯是为了赚钱，我是在为自己的梦想打工，为自己的远大前途打工。我们只能在认认真真的工作中不断提升自己。我要使自己工作所产生的价值，远远超过所得的薪水，只有这样我才能得到重用，才能获得发展的机遇。"抱着这样的信念，齐瓦勃一步步升到了总工程师的职位上。25 岁那年，齐瓦勃做了这家建筑公司的总经理。

人生箴言

万丈高楼起于平地，成功从来不是一蹴而就的，也不是守株待兔得来的。停止抱怨，为了成功，去行动吧。

与其抱怨黑暗，不如点亮蜡烛

人人都知道，开出租车是个很辛苦的工作，要从这个工作中感受到快乐，确实是件不容易的事。

那天，阿龙打了一部出租车出去办事，上车后，发现这辆车和一般的出租车很不相同，不仅车很干净亮丽，车内的布置竟也十分典雅，司机师傅服装整齐，干净利索。车子开动后，司机很热心地问他车内的温度是否合适，还问他要不要听音乐或收音机。

司机告诉阿龙可以自行选择喜欢的音乐频道，阿龙选择了爵士音乐，浪漫的爵士风让人放松。

司机在一个红绿灯前停了下来，回过头来告诉阿龙，车上有早报及当月的杂志，如果想喝热咖啡，保温瓶内有热咖啡。

如此贴心的服务让阿龙大吃一惊，阿龙不禁望了一下这位司机，司机师傅愉悦的表情就像车窗外和煦的阳光。

不一会儿，司机对阿龙说："前面路段可能会塞车，这个时候高速公路反而不会塞车，我们走高速公路好吗？"在得到阿龙同意后，司机又体贴地说："我是一个无所不聊的人，如果您想聊天，除了政治及宗教外，什么都可以聊。如果您想休息或看风景，那我就会静静地开车，不打扰您了。"

从一上车，阿龙就对这个司机充满了好奇，这时忍不住问他："您是从什么时候开始采取这种服务方式的？"

司机说："从我觉醒的那一刻开始。"

原来，以前他也经常抱怨工作辛苦，人生没有意义，恰好那段时间生意也不景气，他就显得更加烦躁。有一天，他听到广播节目里正在谈有关人生的态度的话题，大意是你相信什么，就会得到什么，如果你觉得日子不顺心，那么所有发生的都会让你觉得倒霉；相反，如果你觉得今天是幸运的一天，那么今天所碰到的人，都可能是你的贵人。

于是，他决定改变自己，并立即着手创造一种新的生活方式。他把车子里里外外整理干净，印了几盒高级名片，还暗自下定决心要善待每一位乘客。

结果，他的生意慢慢好了起来，没有受到不景气的影响。他很少会空车在城市里兜圈，因为他的客人总是会事先预定好他的车。他的改变，让他不只是有了更好的收入，而且更从工作中得到了快乐、自信和自尊。

现实中，抱怨似乎已成为很多人的习惯。学生学习不好，就会抱怨老师："她总找我的茬，挑我的刺。"司机会抱怨车祸是"另一个家伙的错"，丈夫会对着妻子嚷嚷："你干吗总想吵架？"员工也会常常抱怨"公司不重用我"……

除了抱怨别人，我们也会常常抱怨自己："我怎么这么笨啊！我怎么这么容易上当啊！我干吗要蹚这趟浑水？我怎么老说错话？我真是够蠢的！"

大约一半的不快乐或者失败都是抱怨造成的。抱怨别人会让我们把失败归咎于运气，而不去反省自己。抱怨自己，又会使自己陷入极度忧愁之中，关闭了自我发展的大门。

要快乐，就要停止抱怨。有一句话说得好："与其抱怨黑暗，不如点亮蜡烛。"

迪恩将军被监禁 3 年后获得释放。一个新闻记者问他是什么在支撑着他的信念时，将军回答说："我从不感到有什么委屈，从不抱怨自己，这让我尝到了生活的甘甜。"

人生箴言

抱怨只能让你陷入悲观失望。只有停止抱怨，用解决问题的态度去思考问题，才能得到快乐和成功。

你所拥有的，就是珍贵的

一个年轻人老是埋怨自己时运不济、发不了财，终日愁眉不展。这一天，走过来一个须发皆白的老人，问他："年轻人，为什么不快乐？"

"我不明白，为什么我总是这么穷。"

"穷？你很富有嘛！"老人由衷地说。

"这从何说起？"年轻人表示不能理解。

老人反问道："假如现在斩掉你一个手指头，给你 1000 元，你干不干？"

"不干。"年轻人回答。

"假如斩掉你一只手，给你 10000 元，你干不干？"

"不干。"

"假如使你双眼都瞎掉，给你 10 万元，你干不干？"

"不干。"

"假如让你马上变成 80 岁的老人，给你 100 万，你干不干？"

"不干。"

"假如让你马上死掉，给你 1000 万，你干不干？"

"不干。"

"这就对了，你已经拥有超过 1000 万的财富，为什么还哀叹自己贫穷呢？"说完，老人笑吟吟地捋着胡须走开了。

青年愕然无言，突然间什么都明白了。

如果你早上醒来发现自己还能自由呼吸，你就比在这个星期中离开人世的人更有福气。

如果你从来没有经历过战争的危险、被囚禁的孤寂、受折磨的痛苦和忍饥挨饿的煎熬……你已经好过世界上 5 亿人了。

如果你没有无辜遭到侵犯、拘捕、酷刑或面临死亡的恐惧，你已经比另外 30 亿人更幸福了。如果你的冰箱里有食物、身上有足够的衣服、有屋栖身，你已经比世界上 70% 的人更富足了。

根据联合国"世界粮食日"数据显示，全球有 36 个国家目前正陷于粮食危机当中；全球仍有 8 亿人处于饥饿状态，第三世界的粮食短缺问题尤为严重。在发展中国家，有两成人无法获得足够的粮食；而在非洲大陆，有 1/3 的儿童长期营养不良。全球每年有 600 万学龄前儿童因饥饿而夭折！

如果你的银行账户有存款、钱包里有现金，你已经跻身于世界上最富有的 8% 之列！如果你的双亲仍然在世，并且没有分居或离婚，你已属于稀少的一群。如果你能抬起头，面容上带着笑容，并且内心充满感恩的心情，你真是够幸福了——因为世界上大部分的人还都做不到这样。

是的，想想这些，你还有什么不快乐的呢？

黄美廉，一个从小患脑性麻痹症的病人，不仅失去了肢体的平衡感，也失去了语言的能力，但她并没有因此被外在的痛苦击倒，她用她的手画出了她生命的色彩，并且获得了加州大学艺术博士学位。她应邀为一所学校的学生作演讲时，一个学生小声地问她："黄博士，你从小就长成这个样子，请问你怎么看待你自己？你从没有怨恨过命运的不公吗？"所有的人都觉得这个问题太残酷了，但黄美廉嫣然一笑，在黑板上用力透纸背的气势写道：1. 我好可爱！2. 我的腿很长很美！3. 爸爸妈妈这么爱我！4. 上帝这么爱我！5. 我会画画儿，我会写稿！6. 我有只可爱的猫……最后，她写下了令所有人难忘的结论：我只看我所拥有的，不看我所没有的。

这，就是她成功并且快乐的理由。

很多人恰恰相反，只看自己没有的，不看自己所拥有的，所以活在喋喋不休的抱怨中，看不见生活的美丽，时常感到失落，让朋友和家人生厌，至于所谓的成功当然也与其无缘。

你所拥有的，就是珍贵的。这句话足以让人警醒。不妨在一张纸上写出你所拥有的东西，你会发现，你拥有的竟然有那么多；而这些在平凡的日子里被忽略，其珍贵犹如被蒙上了尘埃。

人生箴言

快乐是什么？快乐就是珍惜已拥有的一切。如果你还在抱怨，找不到快乐的理由，那么，记住这句话吧：我只看我所拥有的，不看我所没有的。

正确对待已经发生的事

　　一对很恩爱的夫妇在婚后 11 年才生了一个儿子，夫妻恩爱，孩子自然成了两个人的心肝宝贝。在男孩 2 岁的某一天，丈夫在出门上班之际，看到桌上有一个药瓶打开了，不过因为赶时间，他只告诉妻子把药瓶收好，然后就上班去了。妻子在厨房忙得团团转，很快就忘了丈夫的叮嘱。男孩拿起了药瓶，觉得好奇，又被药水的颜色所吸引，于是放到嘴里喝了个干净。由于药水的药力太厉害，所以即使成人也只能少量服用。男孩虽被紧急送到医院，仍然因抢救无效失去了生命。妻子被自己的疏忽吓呆了，不知该如何面对丈夫。紧张的父亲赶到医院，得知噩耗后非常伤心，他看着儿子的尸体，望了妻子一眼，然后说了一句话：我爱你，亲爱的。

　　很简短的故事，很简单的一句话，如果是你，你能做得到吗？你会不会愤怒地责备妻子粗心大意？你会不会失去理智伤心得呼天抢地？这样做，并不能让儿子起死回生，却又可能面临夫妻感情破裂的阴影。

而这位丈夫用"我爱你"三个字，接受了现实，也安慰了同样悲痛的妻子。谁都会相信，他们两人的感情会因此而更加深厚。

突如其来的不幸，确实让人难以承受。但不该发生的事已经发生，我们除了正视它，别无选择。从中吸取教训，防止相同或类似的事件发生才是应该做的事情。一个人的一生中会有许多意外事件发生，据说拿破仑一生中重要的战役有1/3是失败的，但他仍不失为一个伟大的军事家，他从未被失败吓倒过，也从不让阴影留在心里。

明代大学问家曹臣的《说典》中有一则"甑已摔破，顾之何益"的故事：东汉大臣孟敏年轻的时候曾卖过甑。一次，他的担子掉在地上，甑被摔碎了，他头也不回地径自离去。有人问他："坏甑可惜，何以不顾？"孟敏十分坦然地回答："甑已破矣，顾之何益。"是的，甑再值钱，可它被摔破已是无法改变的事实，你为之感到可惜，顾之再三，又有什么益处呢？

不为无法改变的事而抱怨、痛惜、后悔、哀叹、忧伤，可以说是古今中外聪明人的共同的生存智慧。

卡耐基的事业刚起步时举办了一个成人教育班，并且陆续在各大城市开设了分部。他投入很多资金做广告宣传，同时房租和日常办公等开销也很大，尽管收入不少，但过了一段时间后，他发现自己一分钱都没有赚到。由于财务管理上的欠缺，他的收入竟然刚够支出，一连数月的辛苦劳动竟然没有什么回报。

卡耐基很是苦恼，不断抱怨自己疏忽大意。这种状态持续了很长时间。他整日闷闷不乐，神情恍惚，无法将刚开始的事业继续下去。

最后，苦闷的卡耐基找到自己的中学生理老师，向他倾吐心中块垒。老师只对他说了一句话："不要为打翻的牛奶哭泣。"

老师的这句话如同醍醐灌顶，卡耐基的苦恼顿时烟消云散，精神也振作起来。

"是的，牛奶被打翻了，漏光了，怎么办？是看着被打翻的空瓶子伤心哭泣，还是去做点别的。记住，被打翻的牛奶已成事实，不可能重新装回瓶中，我们唯一能做的，就是找出教训，然后忘掉这些不愉快。"这段话，在往后的日子里卡耐基经常说给学生听，也说给自己听。

在激烈的竞争中，我们手中的"甑"随时可能被他人打破，杯中的牛奶也可能被打翻。遇到这样那样不如意的事，不怨天尤人，不哭天抹泪，不消沉颓唐，不心灰意懒；而是吸取教训，挺直腰杆，义无反顾，径直向前。生活中，这样的人才能成为强者，才能品尝到成功的喜悦。

人生箴言

正确对待已经发生的事，不要为打翻的牛奶哭泣，命运会给你新的机会，迈过几道坎，拐过几道弯，成功会在那里微笑着向你招手。

学会宽恕

失去爱情可以说是这个世界上最痛苦的事情之一。这事偏偏让马利摊上了，相恋三年的女友娜娜弃他而去，她说她找到了一个比马利更英俊更有能力的人。这让马利很受刺激，一个人跑到酒馆里喝了很多酒，对娜娜产生了报复的念头。

红了眼的马利真的带了一把水果刀去找娜娜，他心里在想——假如结果不使他满意的话，娜娜将要为她的选择付出代价，大不了两个人同归于尽。

路过一所教堂时，马利突然想到慈爱的母亲，就走进去想做个祷告，请求她原谅儿子的选择。

牧师很快就明白了马利红着眼的原因。他对马利说："孩子，在你去找娜娜之前，我要问你，你真的很恨她吗？"马利点了点头，牧师说："那好吧，桌上有只大花瓶，假设她就是娜娜，你先击碎它吧。"马利看了看那个美丽的花瓶，顷刻之间在自己的脑海中幻化出了娜娜的形象，他冲过去，一拳打碎了花瓶，遗憾的是，他的手也被花瓶碎片割破流血了。

牧师给他敷上了止血的药，说："孩子，你看，你的仇恨在给别人带来伤害的时候，自己也会受到很大的伤害，为什么不去宽恕对方，而集中精神使自己强大起来呢？花香蝶自来，你难道不明白这个道理吗？"

马利仇恨的眼神黯淡了下来，他说："可是我一辈子都不会原谅她，我对她那么好，她却抛弃了我，让我的心灵受到伤害。"

牧师又笑着说："你以为你不原谅别人，别人就会受到惩罚吗？是不是让对方感到愧疚你就会快乐一点？其实，倒霉的还是你自己，一肚子闷气，心情又怎能快乐？这样只会破坏了你自己的美好生活。"听了牧师的话，马利终于放弃了复仇的念头，微笑着走了。

人世间充满了仁爱，而有时却偏偏是我们自己制造了嫉妒和仇恨，当失落和颓丧的情绪像地震、台风一样袭来时，怨恨是没有用的，要学会用感恩的心态去宽恕别人。假设你不原谅一颗愧疚的心，就等于用一把沉重的枷锁禁锢了两个人的心灵，于人于己都毫无益处。

有一对夫妇，他们的女儿骑车外出时被醉酒驾车的司机撞倒，当场死亡。司机的罪责确定无疑——他甚至没有驾驶执照，因为他曾因醉酒驾车前科而被取消了驾驶资格。这次，他又因交通肇事罪被判入狱。可这不足以平息这对夫妇的心头之恨。他们满脑子想的都是为女儿报仇。多年后他们仍然沉浸在伤心和绝望之中。仇恨和哀伤每天都在咬噬着他们的内心，而这一切对凶手却无丝毫影响。如果女儿能对父母说话，她定会恳求他们不要再怀恨了，开始新生活吧。

如果我们不原谅别人，就永远无法修复自己的创伤，伤口会继续溃烂，永不愈合。正如一句谚语所说："复仇者必自绝。"

《宽恕的好处》一书的作者弗雷德里克博士说："懂得宽恕的人不会感到那么沮丧、愤怒和紧张，他们总是充满希望。所以宽恕有助于减少人体各种器官的损耗，降低免疫系统的疲劳程度并使人精力更加充沛。"

除了宽恕别人，我们同样要学会宽恕自己。愤怒和怨恨是阻挡我们成功的敌人。我们经常痛骂自己太软弱、太懒惰、太胆怯、太不称职，这样做不仅一点用处没有，实际上也是在往自己的伤口上撒盐。

不要忘了宽恕自己。弗雷德里克说："对于有些人来说，宽恕自己才是最大的挑战。但是如果你不宽恕自己，你会失去自信。"我们应该经常提醒自己：我们已经竭尽全力，我们做得足够好了。

人生箴言

宽恕他人，就是解脱自我；宽恕他人，就是善待自己。

办法总比困难多

史蒂芬·诺瑟在内华达州的一家绝缘材料厂工作，这天，气候一向干燥的内华达地区突然变天，雨下得很大。到了傍晚，天色虽然已经黑了，但是工厂内仍然灯火通明。

只见工人们正忙碌地将新到的货品尽快搬入仓库中，因为一旦货品被雨水浸泡，就要变成废物了，会给工厂造成经济损失。

史蒂芬是仓库的管理员，他不仅要搬运货品，还要清点货物的数量。每项工作都要相当仔细，不能有任何差错。

然而，就在货物过完磅、准备记数时，史蒂芬手中的钢笔居然没有墨水了，不管他多么用力地甩笔、涂写，始终只有一道道刮痕。

这个状况把史蒂芬吓出一身冷汗，他知道，这是一个严重的疏忽。连支备用笔都没有准备的他，在倾盆大雨中紧张地呆住了。

这时，站在不远处指挥搬运的老板催促着他问："史蒂芬，你记下来了没有？"

史蒂芬听见老板的叫喊，脑海中忽然闪过一个办法，只见他将笔用力地戳进了手指中，一滴红色的血液渗了出来，接着他回答老板说："记下来了！"

第二天早上，史蒂芬将红色的进货单上的数字键入电脑，并打印了一份，连同进货单一起交给老板。

不久，史蒂芬从一个仓管部的小职员晋升为主管。每当他想起这段经历，总是拿出那张红色的单子，对孩子们说："你们看，我还留着它，这样我就不会忘记过去，就会认认真真地工作、生活。"

如果你也遇到相同的情况，你会怎么解决呢？如果求助无门时，你会怎么办呢？只要你愿意靠自己的力量站起来，不被困难吓倒，即使在非常情况下，你也能找到最好的解决办法。开动脑筋，运用智慧，办法总比困难多。

有人和上帝谈论天堂和地狱的问题。上帝对他说："来吧，我让你看看什么是地狱。"他们走进一个房间，屋里有一群人围着一大锅肉汤。每个人看起来都营养不良、绝望又饥饿。他们每个人都有一只可以够到锅子的汤匙，但由于汤匙的柄比他们的手臂要长，他们无法把汤送进嘴里。他们看上去是那么悲苦。

上帝又将这个人领入另一房间，告诉他这里就是天堂。他发现这里的一切和前一个房间并没什么不同。一锅汤、一群人、一样的长柄汤匙，但大家都在快乐地歌唱。

"我不懂，"这个人说，"为什么一样的待遇与条件，他们快乐，而另一个房里的人们却很悲惨？"

上帝微笑着说："这儿的人懂得互相帮助，所以他们马上就想到可以相互喂着吃。"

道理就是如此简单。生活在地狱里的人只想到自己，不懂得关心他人，他们的心里自然就没有解决问题的办法，哪怕是最简单的办法，他们只能挨饿。所以，办法总是留给有心人的，尤其是你在为别人着想的时候，智慧的闸门就会悄然打开。

人生箴言

　　心中有，手中才有；只要开动脑筋想办法，没有什么难题是解决不了的。古人云："船到桥头自然直。"

不要为小事生气

生气是一种生理反应，久了，就会变成一种习惯。按理说，没有人愿意生气，但是，还是免不了会经常生气。在生气时，由于缺乏审慎的判断能力，人们容易做出错误乃至极端的举动。

人之所以会生气，主要是受到了外在环境的刺激，除非是圣贤，平凡人都会因为生活中的种种人或环境而生气，能够在生气时自省或是生完气后反思的人，已经不容易了。

生气，或许是为了发泄，或许是为了表达极端的情绪，对事物加强自己的控制，但实际上，总是给了别人可乘之机。因此每当生气的时候，我们就应该问自己一句，我这样是为了什么？若能训练自己在生活中减少对外在环境的过度反应，将有助于内心的平和。

那些为了鸡毛蒜皮而争执不休的人，他们生气，就等于是徒然浪费宝贵的生命。推而广之，人与人之间无谓的争吵、斗讼、诈欺、迫害等等，都是既浪费精力又无意义的事情。其结果是两败俱伤、一损俱损。

金代禅师是一位高僧，他有一个喜好——非常喜爱兰花。在平日弘法讲经之余，他花费了许多时间和精力栽种和培植兰花。有一天，他要外出云游一段时间，临行前交代弟子一定要好好照顾寺里的兰花。

在他外出云游期间，弟子们一直细心地照顾着兰花，但有一天在浇水时，一个弟子不小心将兰花架碰倒了，所有的花盆都跌碎了，兰花散了满地。

弟子们因此非常恐慌，打算等师父回来后，向师父赔罪领罚。

金代禅师回来了，闻知此事，把弟子们召集起来，不但没有责怪他们，反而说道："我种兰花，一来是希望用来供佛，二来也是为了美化寺庙环境，不是为了生气而种兰花的。"

金代禅师还说："我虽然喜欢兰花，但心中却无兰花这个障碍。因此，兰花的得失，并不影响我心中的喜怒。"弟子们在禅师的话中悟出了更深的道理。

在日常生活中，我们由于牵挂太多，就特别在意得失，每当失去的时候也就有了情绪起伏，这样我们就总是容易为些小事生气。佛经云，愤怒是"无明火"；而《圣经·新约》则说："人在愤怒时，都是疯狂的。"金代禅师的做法对我们的启发是显而易见的，不要为小事生气，这样，才会培养出博大的胸怀。

有一句话说得好："生气是拿别人的错误来惩罚自己。"生气是一种习惯，不生气也是一种习惯，为何不让不生气成为自己的习惯呢？

记住一位作家的话："和谐的生活有两个原则：（1）莫为小事生气；（2）这些都是芝麻小事。"

自助者天助

已经连续几天下大雨了。一个男人气呼呼地站在草地上，指着天大骂着："老天爷啊，你怎么不长眼睛啊！你已经下了这么多天的雨了，求求你停一停吧！你看，我的屋顶不断地漏水，取暖的干柴也湿了，连仅剩的粮食也开始发霉了。还有啊，我只有那么几件衣服可以替换，如今全都湿了，你说，你为什么要这么捉弄我啊！老天爷啊，你说，你该不该骂……"

当男人愤怒地对天咒骂时，有个人到他的屋檐下躲雨，听到这个男人一连串地骂个不停，忍不住说："喂，你全身湿透地站在雨中，那么用力地骂着老天爷，我想，过两天老天爷一定会被你气死，然后再也不下雨了。"

男人火气十足地回应："哼，他才不会生气呢！因为老天爷根本就听不见我在骂他。"

那个人听男人如此说，忍不住笑出了声："呵！都知道没有作用了，那你为什么还在这里做蠢事呢？"

男人遭到驳斥，气得说不出话来。

那个人离开前，又送给男人一段话："孩子，与其在这里骂天，不如为自己撑起一把雨伞，接着去将屋顶修好，再去向邻居借点柴火，然后把你的衣服和粮食烘干，好好地饱餐一顿，最后，安安稳稳地上床睡一觉吧！"

现实生活中，像故事中的男人一样的人实在太多了。他们总是期待别人帮自己改变困境，却忘了自己应负的责任。

与其对现状不满，不如自己去改变这一切。我们真正能够去做的，不是等待别人为我们付出什么，而是靠自己的双手改变困境。

一位马车夫赶着装满货物的马车，在泥泞的路上艰难地前进。

忽然，马车的轮子陷入泥淖之中，不管他怎么鞭打马儿，车辖辘依然深陷在泥地中，一动也不动。

车夫呆呆站着，无助地看着四周，心想："真希望有个人来帮忙。"

想着想着，车夫突然想起了神话传说中的大力士阿喀琉斯的名字："阿喀琉斯，求求你，来帮帮我吧！"

这个车夫就这么呆坐在地上，什么事也不做，只是不断地对天空大声喊着大力士的名字。

突然，一阵狂风吹来，阿喀琉斯居然真的出现了。

但是，他却对车夫说："站起来，你这个懒惰的家伙！你自己把车轮顶到肩膀上吧！然后，你再努力往前走，那么，我才能帮助你。如果你连一根手指头都不肯动一动，只会坐在地上乱叫，就别奢望我会再出现给你任何帮助。"

人生的转机无处不在，只是大多数人陷入困境时只会呼天抢地，不愿试着靠自己的努力走过眼前那片泥沼。

若是连你自己都不愿主动积极地勇敢面对，就算有人愿意伸出援手，你也摆脱不了困顿的日子。

有个故事说，一个人在最困难的境地中，认为上帝已经弃他而去，他抱着与其等死不如拼一下的心态踏上了自己的征程。当他摆脱了困境，回顾自己走过的道路时，发现身后的路上仅有一行足迹。这时候，他听到了上帝的声音。他很气愤地责问上帝道："为什么在我最需要帮助的时候，你却未与我同在？"上帝说："我一直在你身旁的呀，你没有看到那一行足迹吗？那是因为在你最困难的时候，我一直在搀扶着你行走的啊。"

临行前上帝又说："求人不如求己，你要永远记住这句话。度过难关，最终还是靠自己。如果自己什么也不干，只是坐等别人的帮助，事情是不会有什么转机的。"

人生箴言

停止无望的等待，自己动手解决问题，才可能得到别人的帮助。只有你自己才是能够救赎自己的上帝。

以乐观的方式解决难题

美国有位警察局长,他所管理的辖区比较偏僻,有许多地方很容易成为管理的死角;而且当地是货车公司的总站,许多大型货车的司机每天都在公路上驾车奔驰,交通状况也让人担忧。司机们在过度疲劳的情况下开车,交通事故就不断地发生。因为辖区内的治安与交通非常差,局长的情绪总是很低落。

知道许多情况很难处理,局长能够体谅下属的辛苦,从不对他们有过分的要求。但是上面的长官只看成绩,不看客观因素,尽管他们花费了不少心血,仍然得不到上面的肯定。局长虽年资已够,却始终没有获得升迁的机会。

就在治安与交通问题困扰局长的同时,州政府颁布了一道命令,将这一季定为交通安全季,为了配合这个主题,他们还举办了一场交通安全竞赛。

上面下达了命令,要求在这段时间里不出重大交通事故,这给警察局长带来了很大的压力，每天一出家门他便是满脸愁容。

有一天，他心力交瘁地回到家里，将帽子随手一扔，便端着啤酒苦闷地坐在沙发上，孩子和老婆看见后也不敢吭声，纷纷躲进卧室里。

局长打开电视，电视正演出脱口秀，表演者说起话来不但妙趣横生，而且字字珠玑，局长忍不住哈哈大笑，这一笑把心头的压力释放了不少。

看完脱口秀之后，局长躺在沙发里沉思，忽然间，他的眼睛为之一亮，心中有了一个灵感。

隔天，局长召集所有警察，开始积极地行动起来。

3个月很快地过去了，州政府派人审查各镇的交通情况，包括交通阻塞情况、车流量控制、违规件数等等，当然最重要的，还是交通事故的发生率。然而，稽查人员审查的结果，却让大家都深感意外。

没想到记录一向不好的小镇，居然连一次车祸的记录都没有。

原来，局长想出了一个好点子：他把公路上的所有警告牌都换了，而新牌子上面则写着"请开慢一点，我们已经忙不过来了！殡仪馆启"。

局长通过幽默的手段，对来往的司机进行了心理暗示，司机们看到这个幽默的提醒，不知不觉地把车速放慢，小心多了。

利用一个小小的充满幽默感的警告牌，把交通安全的概念以最贴近人们生活的方式传递出去，让人们不知不觉地产生了"死亡随时在身边"的恐惧感，即使车速再快的司机看了也忍不住要放慢速度。

这个故事告诉我们，一个具有乐观幽默的性格、直面困难的勇气的人，面对再大的难题，都不会失去信心；保持乐观的态度，就会找到解决问题的好办法，达到出人意料的效果。

电影《美丽人生》里的那位父亲，就是这样一位乐观向上的犹太人，不论身处什么样的困境，都始终为儿子挡住黑暗，让儿子只看到光明。

二战期间，儿子3岁那年，一家人都被投进了集中营。父亲指着握着枪在巡逻的士兵对儿子说："太好了，孩子，我们现在正在玩儿一个游戏，一个真刀真枪的游戏。"

漫长的时间里，父亲和孩子玩儿啊闹啊，好像一切都没有发生。

当父亲终于要被拉出去枪决时，他把儿子藏在一个垃圾桶里，并告诫儿子不管看到什么都不要出声，过了这一关，他将拥有一辆坦克。

被押解的父亲经过垃圾桶时，向垃圾桶里的儿子做着鬼脸。过了好长时间，轰隆隆的声音传来，儿子爬出垃圾桶，看到许多坦克开过来，那是盟军的。儿子高兴地叫喊："我有坦克了，我有坦克了！"儿子得救了，但他的父亲被杀害了。

这位乐观幽默的父亲在那样艰难的处境中，仍然教给了孩子一个勇敢面对阴影的心态。在黑暗的岁月里，他让儿子的心灵没有留下阴影，让儿子觉得人生是美丽的。

难道还有什么困境比这位父亲所处的环境更可怕吗？

人生箴言

面对困境时，抱怨是一种态度，乐观也是一种态度。既然抱怨只能使事情变得更坏，为什么不乐观地对待呢？

生命经不起拖延

深夜，一个面临死亡的病人迎来了他生命中的最后一分钟，死神如期来到了他的身边。在此之前，死神的形象在他脑海中几次闪过。他对死神说："再给我一分钟时间行么？"死神问道："你要一分钟干什么？"他说："我想利用这一分钟看一看天，看一看地。我想利用这一分钟想一想我的亲人和朋友。如果运气好的话，我还可以看到一朵花的绽放。"

死神说："你的想法很好，但我无法满足你。你说的这一切你本来有足够的时间去欣赏，但你却没有像现在这样去珍惜，你看一下这份账单，在 60 多年的生命中，你有 1/3 的时间在睡觉；剩下的 30 多年里你在拖延时间；曾经感叹时间太慢的次数达到了 10000 次，平均每天一次。上学时，你拖延完成家庭作业；成人后，你抽烟、喝酒、看电视，虚掷光阴。

我把你的时间明细账罗列如下。做事拖延的时间从青年到老年共耗去了 36500 个小时，折合 1520 天。做事有头无尾、马马虎虎，使得事情不断地要重做，浪费了大约 300 多天。因为无所事事，你经常发呆；你经常埋怨、责怪别人，找借口、找理由、推卸责任；你利用工作时间和同事侃大山，把工作丢到了一旁毫无顾忌；你工作时间呼呼大睡，还和无聊的人煲电话粥；你参加了无数次无所用心、懒散昏睡的会议，这使你的睡眠远远超出了 20 年；你也组织了许多类似的无聊会议，使更多的人和你一样睡眠超标；还有……"

死神刚说到这里，这个危重病人就断了气。死神叹了口气说："如果你活着的时候能节约一分钟的话，你就能听完我给你记下的账单了。"

拖延，不仅是一个简单的概念，而且它浪费了我们多少时间啊，它让宝贵的生命失去了应有的光泽。但，在漫长的岁月里，我们似乎很难意识到这一点。直到时日不多时才突然发现岁月蹉跎，还有很多事情没有完成。

小孩子说："等我是个大孩子的时候。"

可是又怎么样呢？大孩子说："等我长大成人以后。"

然后等他长大成人了，他又说："等我结了婚以后。"

可是结了婚，又能怎么样呢？他的想法变成了"等到我退休以后"。

最后，他退休了。当他有时间回头看看自己经历过的一切，似乎有一阵冷风吹过来。不知怎的，他把所有的一切都错过了，而一切又一去不再回来。

生命其实很短暂，即使你活到 90 岁，一生也不过只有 32918 天。但是我们总以为人生时间很充足，所以什么事都拖延着不立即去做，等到想去做的时候，却已经无能为力了。

看看习惯拖延的人，他们的生活都是怎样的吧：

洗衣机里已经塞不下脏衣服了。

明知道染上了一些恶习，例如抽烟、酗酒，却又不愿改掉，常常安慰自己说："我要是愿意的话，马上就可以戒掉。"

对当天布置的工作，做不完的时候，总是劝慰自己，今天太疲劳了，不如明天早上再做，那时可能精神更好。

每当接受新的工作时，总是感到身体疲惫。

想做点体力活儿，如打扫房间、清理门窗、修剪草坪等等，可是却迟迟没有行动，总有各种各样不去做的原因，诸如工作繁忙、身体很累、要看电视等等。

由于迟迟不敢表白，而让心爱的女子成了别人的妻子，自己总是暗自伤怀。

总是制定健身计划，可从不付诸行动，"我该跑步了……从下周一开始吧"。

很羡慕朋友们去海边旅行，自己也有能力去，但总是因为这样那样的借口而一拖再拖。

喜欢拖延的人，常把"或许""希望""但愿"作为心理支撑，但事实上，明天，明天的明天，并没有什么不同。

生命于是在这日复一日的拖延中衰老。

人生箴言

生命是短暂的、有限的，是经不起拖延的。从现在开始行动，做想做的事，不要再拖延了。

成功不会自动来敲门

《古兰经》上有这样一则故事。有位大师苦练几十年，练就绝技"移山大法"。一天，有一群人找到大师，央求其当众表演一下，以饱眼福。大师在一座山的对面坐了一会儿，就起身跑到山的另一面，然后宣布表演完毕，众人迷惑不解。大师道："这世上根本没有什么移山大法，唯一能移动山的方法就是'山不过来，我过去'。"

山不过来，我过去，短短七个字道出了成功的真谛。成功就是我们要征服的"大山"，你不去跋涉，永远到不了山脚；你不去攀登，永远到不了山顶。

守株待兔的故事早已为人熟知，但这样的事情却从没有真正停止过。有很多人，虽然向往成功，也有目标，可就是不去行动、不去争取，始终在等着成功自己撞上门来。当别人成功时，又总是羡慕别人运气好，却看不到别人为成功付出的辛勤汗水。他们总认为是成功不青睐自己。

马丽在一家小型制造业公司谋得一份好差事，可是上司要她做一件不在她职责范围内的工作，她拒绝了。不久以后，在另一个部门的一位同事问她愿不愿尝试那个部门的工作，她再度回绝。马丽不愿担负其他任何任务，除非公司为她加薪或升级。她没有看出送到她眼前的机会。假使她接受新任务并且顺利完成，她就极有资格要求加薪和升级了。结果部门经理认为她不思进取、不愿成长，也就不再考虑给她其他机会。

有的人以为幸运之神很仁慈，总有一天会来光顾他，所以干脆就坐待成功前来敲门。可惜的是，成功从来不会自动前来敲门。它的手永远属于那些不断与命运抗争的人。

有人会说，许多人的成功都是偶然的，不过是运气比别人好而已。比如，我国古代名医孙思邈在行医时发现了一种奇特的现象，某一地区的穷人得雀盲眼的特别多，而富人却与它无缘；富人经常得脚气病，但穷人却没有。后来他不断留心观察，发现穷人只能吃得上糙米、糠皮，而富人只顾吃精米细粮、大鱼大肉。于是他让两种人交换一下食物，过了一段时间，两种人的病都好了。原来粗粮富含维生素 B2，而鱼、肉中富含维生素 E。

画家莫尔斯在听演讲时大受启发，发明了摩尔斯电码；化学家道尔顿给妈妈买了一双袜子，结果发现了色盲症；物理学家波义耳在养紫罗兰时发现了石蕊试剂；医生邓禄普浇花时受到启发，发明了自行车轮胎；化学家凯库列做梦时发现了苯的分子结构；一个无名的花匠发明了钢筋混凝土……

这些成功难道真是偶然的吗？确实，他们都是在某一时刻突然受到了启发，或是发现了某种意想不到的事情。事实上，他们为了这一天的成功已经潜心留意周围事物多年了。

也有些人给成功下的定义过于狭隘，认为那只是一笔好交易或一次职务升迁。其实成功所涵盖的范围很广，比如说，当众人皆陷入消极的泥潭中，你却能寻出一条积极思考的途径；比如在强大的压力之下圆满地完成了一件了不起的任务；比如坚持朝向一个值得努力的目标不断前进，以及尽量利用造物主慷慨赐予你的才华和能力等等，这些都应该算是成功的范畴。

漫漫人生路，每个人都会遇到许多像"大山"一样的事情，当确信自己没有能力改变这些事情时，我们不妨积极去改变自己，探询解决问题的办法。只要行动，问题就有解决的可能。

常言说"有志者事竟成"，这并不是说一个人立下志向之后，就可以坐等成功了。立志后，还需要坚持不懈、努力奋斗。如果没有具体的行动，再好的志向也只能是空中楼阁。记住，成功不会从天上掉下来；有了理想和目标，还要去努力行动啊。

遇见内心强大的自己

人生箴言

成功只属于那些为了寻找它而不断探索的人，而不属于坐在那里等待成功从天而降的人。

现在行动，立刻去做

你是否有过这样的经历：清晨闹钟将你从睡梦中惊醒，想着该起床上班了，同时却感受着被窝里的温暖，一边不断地对自己说该起床了，一边又不断地对自己说"再迷糊一会儿"，于是又躺了5分钟，甚至10分钟……终于，等你匆匆起床，顾不上吃早餐，紧赶慢赶去上班，却迟到了1分钟，被扣掉了50元，于是你后悔怎么就没早一点儿起床呢？

许多人觉得惰性是人类最合乎人情的弱点，但是正因为它合乎人情，没有明显的危害，所以无形中耽误了许多事情，因此而引起的许多烦恼，实在比明显的罪恶还要厉害。

我们常常嘴上说"抓住生命，抓住时光"，行动上又在有意无意地浪费生命、虚度光阴。总是把要做的事情推到明天，并对自己说等什么什么以后，一定要怎么怎么样……但是，我们无法预料明天会发生什么，也许等到明天一切都已太晚，就像下面故事里因惰性而被冻死的寒号鸟。

古老的原始森林里，阳光明媚，鸟儿们在欢快地歌唱，辛勤地劳动。其中有一只寒号鸟，有着一身漂亮的羽毛和嘹亮的歌喉。它到处卖弄自己的羽毛和嗓子，看到别人辛勤劳动，反而嘲笑不已，好心的鸟儿提醒它说："快垒个窝吧！不然冬天来了怎么过呢。"

寒号鸟轻蔑地说："冬天还早呢，着什么急！趁着今天的大好时光，尽情地玩儿吧！"

就这样日复一日，冬天眨眼就到了。鸟儿们晚上躲在自己暖和的窝里躲避寒风，而寒号鸟却在寒风里，冻得簌簌发抖，用美丽的歌喉悔恨过去，哀叫未来："抖落落，寒风冻死我，明天就垒窝。"

第二天，太阳出来了，万物苏醒了。沐浴在阳光中，寒号鸟好不得意，完全忘记了昨天的痛苦，又快乐地歌唱起来。

鸟儿们劝它："快垒个窝吧，不然晚上又要挨冻了。"

寒号鸟嘲笑它们说："不会享受的家伙。"

晚上又来临了，寒号鸟又重复着昨天晚上一样的故事。就这样重复了几个晚上，大雪突然降临，鸟儿们奇怪寒号鸟怎么不发出叫声了呢，太阳一出来，大家赶紧出来寻找，结果发现寒号鸟早已被冻死了。

今天的事情推到明天，明天的事情推到后天，不行动，永远没有成功的机会，就像《明日歌》里说的那样："明日复明日，明日何其多。我生待明日，万事成蹉跎。"

惰性是人失去志向、缺乏生活动力的表现，对付惰性最好的办法就是理清你想要做的事情，认清其价值，确定其目标，并立即着手去行动，不让惰性有乘虚而入的可能。

日本松下集团的创始人松下幸之助就是一个成功战胜惰性的人，他对自己如此，对员工也是同样要求。他不允许下属为工作上的失误找各种理由，要求他们发现工作上的问题，必须承认自己的错误。这样做使得整个松下集团从上到下形成了积极向上的风气，松下最终成为日本的精英企业。

拿破仑·希尔在他的成功学著作《你也可以成为一条龙》中写道："你已经知道，你自己的木材要由你自己来砍，你自己的水要由你自己来挑，你生命中的主要目标要由你自己来塑造，因此，为什么不尽快践行你早已明白的道理呢？拖延只能使目标离得更远。"

有一位成功者，许多人问他："你这么成功，曾经遇到过困难吗？"

"当然！"他说。

"当你遇到困难时如何处理？"

"马上行动！"他说。

"当你遇到经济上或其他方面的重大压力时呢？"

"马上行动！"他说。

"在婚姻、感情上遇到挫折或沟通不良的话呢？"

"马上行动！"他还是说。

"在你人生过程中遇到困难都这么处理吗？"

"马上行动！"他只有一个答案。

即使你具备了知识、技巧、能力、良好的态度与成功的方法，懂的比任何人都多，但你仍可能不会成功。因为你必须要行动，一百个知识不如一个行动。

即使你终于行动了，但还不一定会成功，因为太慢了。在 21 世纪，行动慢，等于没有行动。

以下一些建议，可以帮助你克服惰性：

（1）列出你可以立即做的事。从最简单、用很少的时间就可完成的事开始。

（2）每天从事一件明确的工作，而且不必等待别人的指示就能够主动去完成。

（3）运用切香肠的技巧。所谓切香肠的技巧，就是不要一次性吃完整条香肠，而是把它切成小片，一小口一小口地慢慢品尝。同样的道理也可以用在你的工作上：先把工作分成几个小部分，分别详列在纸上，然后把每一部分再细分为几个步骤，使得每一个步骤都可在一个工作日之内完成。

每次开始一个新的步骤时，不到完成，绝不中断。如果一定要中断的话，最好是在工作告一个段落时。

（4）到处寻找，每天至少找出一件对其他人有价值的事情去做，而且不期望获得报酬。

（5）将养成主动工作习惯的价值告诉别人，每天至少告诉一个人。

（6）在日程表上记下所有的工作日志。

人生箴言

如果你想做一件事就马上去做，如果你想关爱亲人就马上行动；如果你想对你的意中人说"我爱你"，就马上去说……不要等到明天，现在就行动，立刻去做。

犹豫，会让你失掉良机

战国时，楚考烈王无子，相国春申君为此忧心忡忡。不久，有赵国人李园携一女子来到楚国，想献给楚王。但打听到楚王没有生育能力，就转而投靠春申君，春申君就将她占为己有。

过了一段时间，这女子怀了孕，她私下对春申君说："如果把我献给楚王，生的是儿子，一定立为太子。今后太子立为王，你就是太子的父亲。"春申君觉得此话有理，就将女子献给了楚王。后来，女子生下一个儿子，果然立为太子。而李园也因此受到楚王的偏爱。

几年后，有人告诉春申君李园想杀他，春申君不以为然。不久，楚王去世，李园果然叫人埋伏在宫门内，等春申君进宫时，一刀将他砍死。

这是史记里的"当断不断，反受其乱"的故事，在应该作出决断的时候犹豫不决，往往自食恶果。

历史上，因为当断不断而反受其乱的例子真不少。比如，三国时期的袁绍集团，虽然曾经谋士如云、战将如雨，但是由于袁绍的"多谋少决"，官渡一战败于曹操之手。

犹豫不决似乎是人们共有的弱点，在面对是否采取行动的问题上，特别是这种行动涉及冒险时，我们会发现自己常常犹豫不决、坐失良机。在这种情况下，头脑里总有声音在告诫自己："不要鲁莽行动，这里很可能有危险，不要去尝试。"这听起来像是明智的劝告，但作家威廉·埃勒里·查宁却说："有时……敢作敢为最聪明。"

我们能意识到自身的弱点，这本是件好事，但由此而怀疑自己的判断，就走到事情的另一端去了。我们对世界了解太多，所以我们生性谨慎，一再推迟本该果断作出的重大决定，有时甚至对眼前的机会无动于衷。

一个很有才干的年轻人，在深圳3年，一直在一家中小企业里工作着，从普通员工开始，凭着自己的本事，做到了部门经理。在这几年的工作之余，他又自学了很多高层管理方面的专业知识，他的很多新的管理理念备受同行的赞誉。志存高远的他愈发感到目前所供职的单位根本就无法让他最大限度地发挥潜能。于是，跳槽的念头一直左右着他的思绪。

但他又不敢完完全全地卸下这副担子，即使是寻找更好的发展机会这样正大光明的事儿也做得鬼鬼祟祟，一来怕领导知道，二来又怕找不到更好的工作被同事嘲笑，因此错失了几次绝好的机会。而单位的领导知道了他想跳槽的心思，对他也有了戒心，重大事情不再像从前那样放心地交给他去办。如今，他还在原地"踏步"，身在曹营心在汉，槽没跳成，还影响了自己的发展。正所谓："当断不断，反受其乱。"

人生箴言

优柔寡断是办事的大敌，它既误事更误人。决断即使有错误和偏颇，也比犹豫不决强很多。

行动，任何时候都不晚

常常听到不少人感叹："老了，这辈子算是完了，现在学什么都迟了！"真的迟了吗？这样感叹的人，其实不过三四十岁，真的迟了吗？不！不迟。

只要你想开始，任何时候都不算晚。

英语学习班新一期开学报名时，来了一位老者。

"给孩子报名？"负责报名的小姐问。

"不，我自己想学。"老人回答。

小姐愕然，屋里那些年轻的报名者也愕然，有人窃笑。老人解释："儿子在外国找了个媳妇，他们每次回来，说话叽里咕噜的，我听着着急。我想听懂他们的话。"

"您今年高寿？"小姐问。"68。"小姐笑了："您想听懂他们的话，最少要学 2 年。可 2 年后您都 70 了！"老人笑吟吟地反问："姑娘，你以为我如果不学，2 年后会是 66 吗？"众人都被老人的幽默逗乐了。

事情往往如此。我们总以为开始得太晚，因此放弃。殊不知只要开始，就永不为晚。老人学与不学，2年后都是70岁。差别是，学了，就能开心地和儿媳交谈；不学，依然像木偶一样在旁边呆立。

年龄大了、老了，这种心理大多数人心中都或多或少地存在着，这种不思进取的心态能让人的心理苍老，对什么事都失去热情和兴趣。徐特立先生曾经说过："活到老，学到老。"只要你打定主意做一件事，绝不会"为时已晚"。如果必须全力以赴，那就全力以赴好了；如果必须坚持不懈，那就坚持不懈好了！太老了吗？不，只要我们一息尚存，就永远不会太晚，永远有时间整顿生活，永远有更美好的明天！

画坛耆宿刘其伟先生38岁才开始拿起画笔，无师自通的他，40岁就开了生平第一次画展。

美国人哈里·莱伯曼80岁开始学画，4年后，他的画先后被一些著名的收藏家购买，并进了不少博物馆。美国艺术史学家斯蒂芬·朗斯特里评价他是"带着原始眼光的夏加尔"。他101岁时，在洛杉矶一家颇有名望的艺术品陈列馆举办的第二十二届展览，题为"哈里·莱伯曼101岁画展"。他在开幕式上说："我不说我有101岁的年纪，而是说有101年的成熟。我要向那些到了60、70、80或90就认为上了年纪的人说明，这不是生活的暮年。不要总去想还能活几年，而是想还能做些什么。着手干些事，这才是生活！"这真是经典的话语，值得我们每一个人去品味。

河南孟州市有位以捕猎为生的老人何广位，90岁那年，因气力不足，他不能再上山打猎，只好整天待在家里，望着窗外的天空，感到很无聊。无聊中，他突发奇想，要创办一家酒业公司。

他小时候在县城的酒作坊里当过伙计，懂得发酵、蒸馏等酿酒工艺，平时他喝的那些泡药的酒，都是自己酿制的。选药、配方，他更是行家。更重要的是，他酿制的酒能够治疗跌打损伤，他决定把它开发成产品到市场上去卖。

一位到孟州市作报告并顺便到乡下来看他的省府官员被这位90岁的老人所感动，为他批了60万元贷款。

有了资金，何广位就紧锣密鼓地干起来。经过一段时间的运作，广位酒业有限公司正式开业了。他当董事长，儿子为董事长助理，父子俩同心协力运作公司，仅开业一年，何广位的酒业有限公司年产销广位家酒达1万瓶，市场前景看好。

第二年，何广位听说国际互联网能够增加销售力度，便让儿子买来电脑，聘来专家制作精美的网页，尝试将广位家酒推向国际市场。这一年，何广位94岁，成为中国企业界创业最晚、年龄最大的私营企业老板。

人生箴言

有了开始，就有成功的希望；没有开始，就永远没有成功的可能。年龄不是成功的界限，活着就要努力，不断学习，不断进步。只要活着，一切就永远不晚。

第七篇

你的潜力无限

人人都有潜能

　　潜能是人类最大而又开发得最少的宝藏！许多专家的研究成果告诉我们：每个人身上都有巨大的潜能没有开发出来。美国学者詹姆斯认为普通人只开发了他蕴藏能力的 1/10，与应当取得的成就相比较，我们不过是半醒着的。我们只利用了自己身心资源中很小很小的一部分……科学家还发现，人类贮存在大脑内的能力大得惊人，平常只发挥了极小部分的功能。要是人类能够发挥一大半的大脑功能，那么可以轻易地学会 40 种语言、背诵整本百科全书，拿 12 个博士学位。这种描述相当合理，一点也不夸张。

　　不仅研究成果表明了人的潜力，许多事例也证明了人类确实有让人惊讶的潜能。

　　一位已被医生确定为残疾的美国人梅尔龙，靠轮椅代步已 12 年。他的身体原本很健康，19 岁那年在越南战场上被流弹打伤了背部下方，经过治疗，虽然逐渐康复，却无法行走了。

他整天坐轮椅，觉得此生已经完结，有时就借酒消愁。有一天，他从酒馆出来，照常坐轮椅回家，却碰上3个劫匪动手抢他的钱包。他拼命呐喊拼命抵抗，却触怒了劫匪，他们竟然放火烧他的轮椅。轮椅突然着火，梅尔龙忘记了自己是残疾人，他拼命逃跑，竟然一口气跑完了一条街。事后，梅尔龙说："如果当时我不逃走，就必然被烧伤，甚至被烧死。我忘了一切，一跃而起，拼命逃跑，及至停下脚步，才发觉自己竟然是能够走动的。"现在，梅尔龙已在奥马哈城找到一份工作，他身体健康，和常人一样能正常行走。

两位年届70岁的老太太，一位认为到了这个年纪可算是人生的尽头，于是便开始料理后事；另一位却认为一个人能做什么事不在于年龄的大小，而在于怎么个想法。于是，她在70岁高龄之际开始学习登山。随后的25年里她一直冒险攀登高山，在95岁高龄时，她登上了日本的富士山，打破了攀登此山的最高年龄纪录。

一位母亲买菜回来，忽然看到自己才1岁多的孩子从窗户坠落，母亲大惊，扔掉菜篮子飞奔50米，竟然稳稳地接住了孩子，孩子安然无恙。事后，一些男人惊诧于这位母亲的速度，特意进行了奔跑试验，却发现，无论如何都赶不上这位母亲的速度。对孩子的爱激发了母亲内心巨大的潜能。

每个人的身上都蕴藏着一份特殊的才能，那份才能有如一位熟睡的巨人，等着我们去唤醒它，而这个巨人即潜能。上天绝不会亏待任何一个人，上天会给我们每个人无穷无尽的机会去充分发挥所长。只要我们能将潜能发挥得当，也许我们也能成为爱因斯坦，也能成为爱迪生。无论别人对我们评价如何，无论我们年纪有多大，无论我们面前有多大阻力，只要我们相信自己、相信自己的潜能，我们就能有所成就。

人生箴言

　　不论遇到什么样的困难或危机，只要你认为你行，你就能够处理和解决这些困难或危机。对你的能力抱着肯定的想法就能发挥出你的潜能并进而产生有效的行动。

唤醒你的潜能

奥托·瓦拉赫在读中学时，父母为他选择的是一条文学之路。不料，一个学期下来，老师为他写下了这样的评语："瓦拉赫很用功，但过分拘泥，这样的人即使有着完美的品德，也绝不可能在文学上有所造就。"

父母只好尊重老师的意见，让他改学油画。可瓦拉赫既不关心构图，又不会润色，对艺术的理解力也不强，成绩在班上倒数第一。学校的评语更是令人难以接受："你是绘画艺术上不可造就之才！"

面对如此"笨拙"的学生，大部分老师认为他成才无望。只有化学老师认为他做事一丝不苟，具备做好化学试验应有的性格，建议他试学化学。果不其然，瓦拉赫严谨的性格让他在化学世界里找到了属于自己的一片沃土，他智慧的火花一下子被点燃了，化学成绩在同学当中遥遥领先……后来他成了诺贝尔化学奖获得者。

上天不会亏待任何一个人，会给我们每个人无穷无尽的机会去充分发挥特长，只要我们能将潜能发挥得当。为什么我们的潜能不能得到最大限度的开发呢？因为我们在心理上常常对困难有本能的惧怕，惧怕又让我们本能地逃避，不敢去尝试，因此不知道我们的能力常常比我们自以为的要大得多。

一个寒冷的冬日，寒风呼啸，雪恶狠狠地寻找着袭击的对象，学生们都在喊冷，读书的心思似乎已被冻住了，只听见一屋子的跺脚声。

鼻头红红的老师挤进教室时，等待了许久的风席卷而入。

往日很温和的老师一反常态，满脸的严肃、庄重甚至冷酷，一如室外的天气。

乱哄哄的教室静了下来，学生们惊异地望着老师。

"请同学们放好书本，我们到操场上去。"

几十双眼睛里充满着疑问。

"因为我们要在操场上立正五分钟。"

即使老师下了"不上这堂课，永远别上我的课"的恐吓之词，但还是有几个娇滴滴的女生和几个很壮的男生没有走出教室。

操场在学校的东北角，北边是空旷的菜园，再往北是一口大水塘。操场、菜园和水塘被雪覆盖了，成了一个整体。

篮球架被雪团打得"啪啪"作响，卷地而起的雪粒、雪团呛得人睁不开眼、张不开口。脸上像有无数把细窄的刀在割、在划，厚实的衣服像铁块、冰块，脚像是踩在带冰碴的水里。

学生们挤在教室的屋檐下，不肯向操场迈半步。

老师没有说什么，面对学生们站定，脱下羽绒衣，线衣刚脱到一半，风雪帮他完成了另一半。"到操场上去，站好。"老师脸色苍白，一字一顿地对学生们说。

谁也没有吭声，学生们老老实实地到操场排好了三列纵队。

瘦削的老师只穿一件白衬衫，被衬衫紧裹着的他更显单薄。

学生们规规矩矩地立着。5分钟过去了，老师平静地说："解散。"

回到教室，老师说："在教室时，我们都以为自己敌不过那场风雪，事实上，叫你们站半个小时，你们也顶得住，叫你们只穿一件衬衫，你们也顶得住。面对困难，许多人戴了放大镜，但和困难拼搏一番，你就会觉得困难不过如此，你的潜力要比困难强许多。"

学生们很庆幸自己没有缩在教室里，在那个风雪交加的时候，在那个空旷的操场上，他们学到了人生重要的一课。

面对困难，许多人望而却步；而成功的人士往往非常清楚，和困难拼搏，正是激发自己潜力的机会。

人生箴言

唤醒你的无限潜能，让它像原子反应堆里的原子反应那样爆发出来，你就一定会有所作为，创造人生的奇迹！

求助于你的意志力

许多登山高手都以不携带氧气瓶而能登上乔戈里峰为自己的奋斗目标。但是，每当他们攀到海拔 6500 米处，就无法继续前进了，因为这里的空气变得非常稀薄，几乎令人感到窒息。对登山者来说，想靠自己的体力和意志，独立征服 8611 米的乔戈里峰峰顶，确实是一项极为严峻的考验。

蒙克夫最终实现了众多登山家的这一梦想。蒙克夫是一位国际著名的登山家，他多次在没有携带氧气设备的情况下，成功地征服海拔 6500 米以上的高峰，这其中就包括世界第二高峰——乔戈里峰。

蒙克夫认为，在突破海拔 6500 米的登山过程中，最大的障碍来自心理，而在攀爬过程中，任何一个小小的杂念，都会让人松懈意念，转而渴望呼吸氧气，慢慢地让人失去冲劲与动力。"缺氧"的念头一旦产生，人不久就将放弃征服的意志，接受失败。

蒙克夫说："想要登上峰顶，首先，你必须学会清除杂念，脑子里杂念愈少，你的需氧量就愈少；你的欲念愈多，你对氧气的需求便会愈多。所以，在空气极度稀薄的情况下，想要攻上顶峰，你就必须排除一切欲望和杂念！"

法国文豪福楼拜曾经在书中写道："坚强靠的是你的意志力，而不要求助于天神，因为天神从来不理会人们的呼声。"

坚强的意志像指南针和地图，指引出我们要去的目标，并使我们确信必能到达。缺乏意志的人，就像少了马达、缺了舵的汽艇，不能动弹一步。

伟大的大提琴家卡萨尔斯90大寿前不久，朋友去看望他，在朋友眼中，他是那么衰老，加上严重的关节炎，不得不让人协助穿衣服。他呼吸费劲，看得出患有严重的肺气肿；走起路来颤颤巍巍，头不时地往前颠动；双手有些肿胀，十根手指像鹰爪般地钩曲着。从外表看来，他实在是老态龙钟。

就在吃早餐前，他贴近了钢琴——那是他擅长的几种乐器之一。他很吃力地坐上钢琴凳，颤抖着把那钩曲、肿胀的手指放到琴键上。

刹那间，神奇的事发生了。卡萨尔斯突然像完全变了个人似的，眼中透出飞扬的神采，而身体也似乎变得灵活了。他弹奏起来，仿佛是一位健康的、强壮的、柔软的钢琴家。他的朋友后来描述当时的情形说："他的手指缓缓地舒展开，移向琴键，好像迎向阳光的树枝嫩芽，他的背脊直挺挺的，呼吸也似乎顺畅起来。他整个身子像被音乐融解，不再僵直和佝偻，代之以柔软和优雅，不再为关节炎所困。"

在他演奏完毕、离座而起时，他站得更挺，看起来更高，走起路来脚也不再拖着地，跟他弹奏前全然不同，像是换了一个人。他飞快地走向餐桌，大口地吃着，然后走出家门，漫步在海滩的清风中。

这就是意志产生的威力，司图密尔曾说过："一个有意志的人所发出来的力量，不下于99位仅心存兴趣的人。"这也就是为何意志能开启卓越之门的缘故。当我们内心相信，意志便会传送一个指令给神经系统，我们便不由自主地进入信以为真的状态。

所以，在人生中必须要有意志的引导，它会帮助你看到目标，鼓舞你去追求、创造你想要的人生。

人生箴言

忘记所有杂念，坚守最初的非成功不可的意志，我们最终都能完成每一项人生考验。

你，就是自己的上帝

有个贫穷的工人在帮农场主人搬运东西时，不小心打破了一个花瓶。农场主人看见后，要求他作出赔偿，但是三餐都成问题的工人哪里赔得起这么昂贵的花瓶呢？

苦恼的工人只好到教堂，向神父请教解决问题的办法。

听完工人的问题，神父说："听说有一种能将碎花瓶粘好的技术，不如你去学习这种技术，只要能将这个花瓶修补、复原，事情不就解决了吗？"

工人听完后摇了摇头，说："哪有这么神奇的技术？要把这个碎花瓶粘得完好如初，根本是不可能的事。"

神父指引他说："这样吧！教堂后面有一个石壁，上帝就待在那里，只要你对着石壁大声说话，上帝便会答应你的要求，去吧！"

于是，工人来到壁前，大声对着石壁说："上帝，请您帮帮我，只要您愿意帮助我，我相信，我一定能将花瓶粘好！"

工人的话一说完，上帝便立即回应他："一定能将花瓶粘好！"

工人听见了上帝的承诺，于是，他充满自信地与神父辞别，朝着"复原花瓶"的高超技术迈进。

一年以后，经过认真学习与不懈努力，他终于学会了粘补碎花瓶的技术。结果，他将农场主人的花瓶复原得天衣无缝，令人赞叹！

于是，他再次来到教堂，准备向上帝道谢，谢谢他给予的协助与祝福。

神父将他再次带到教堂后面的石壁前，并笑着对诚恳的工人说："其实，你不必感谢上帝。"

工人不解地看着神父："为什么不必感谢？要不是上帝，我根本无法学会修补花瓶的技术啊！"

神父笑着说："其实，你真正要感谢的人，是你自己啊！因为，这里根本就没有上帝，这块石壁具有回音的功能，当时你听到的'上帝的声音'，其实就是你自己的声音啊！而你，就是你自己的上帝。"

你的能量就藏在你的身上，你的未来也掌握在你的手中，一切都等待着你开始行动，实现每一项"不可能的任务"。

所以要勇敢地做自己的上帝，因为真正能主宰自己命运的人不是别人而是我们自己。当你相信自己能够改变命运时，你便会慢慢地迈开脚步，一步步地实现心中的愿望。

"日复一日，我会在各方面干得越来越好。"这是法国心理疗法专家埃米尔·库埃的名言。它被当作获得成功的有效方法，广为流传，并发展成今天的积极思维理论。

积极思维的核心就是相信自己能够做到。只有相信自己，你才能充满信心地去行动。你怎样才会相信你自己？先看看你的周围，你所认识的那些成功者在基本技能方面完全不一样吗？或者是他们用自己仅有的能力做了更多的事？世界上虽然不乏出类拔萃之人，有的还是天才，但绝大多数却是与你相似的人，他们只是所下决心更大，工作更加刻苦，或者对自己的责任和挑战思考得更多。

　　不要因为你接受的教育仅仅是中学教育而觉得自己不行，从没有机会念大学的成功者比比皆是。

　　不要因为你长得不吸引人而觉得自卑，现在活着的妇女有哪位外表不比德蕾莎修女强，但她却更受人尊敬。相信你自己，相信你的潜力，超过你的同事，超越你的理想，这些并非徒劳的信念。

　　不要因为你身体有缺陷而放弃努力，只要采取行动，你的生活就会改善。

　　海伦·凯勒从小双目失明，又聋又哑，她靠用手触摸、用嘴尝味、用鼻嗅闻，来熟悉周围黑暗沉寂的世界。一个卓越非凡的年轻女子闯进了她的生活，她就是安妮·沙利文。

　　海伦·凯勒的父母雇用了她，让她来排除女儿的孤独、抚平她的怒气，因为这一切已让他们心灰意冷、垂头丧气。安妮·沙利文完全意识到自己的困难，也意识到自己的任务几乎毫无希望可言，可是她仍暗下决心去教这个孩子，让她同自己无法到达的世界进行交流。这是同明显不可能的事情进行的一场斗争，其挫折和失望能让最坚强的人气馁、却步，可是她却默默忍受下来，而且数月来一直如此。

　　她只是拒绝失败。

　　突然有一天，当太多的失望令人灰心丧气，而希望好像永远不会降临时，海伦发出了一声表示理解的声音，这一切都出乎人们的意料，她在作出第一个反应后，笑容就像蓓蕾一样开放了。

海伦·凯勒的潜能被心中的信仰唤醒了。最初，她进展缓慢、饱受痛苦，有时甚至停滞不前，但她仍继续努力，不曾后退，终于成为在世界各国都受到尊敬的作家、演说家和坚毅勇敢的光辉榜样。她本可以轻易地成为被安慰者，去"诅咒上帝然后死去"，可是她却有不同的选择，她要战胜自己的缺陷而不向它让步屈服。

像海伦·凯勒这样有那么多不利因素而几乎无法生活下去的女孩，也能使自己变成奋发上进、令人鼓舞的人物，那么你为什么不能去追求自己的成功？

人生箴言

相信你的潜能，相信自己能够做到，只要坚持不懈、勇往直前，你就一定能做到。

战胜自己

人生中，最可怕的敌人，其实就是自己。有句极富哲理的格言说得好："战胜自己，就赢得了胜利。"

拿破仑在全盛时期几乎统治了大半个欧洲，战败后被囚禁在一座小岛上，内心的烦闷和痛苦，难以排遣，他说："我可以战胜无数的敌人，却无法战胜自己的心。"

那些能够征服自己的人，实际上比征服对手的人更加勇敢，因为最难获得的胜利就是战胜自己。

日本有一个成绩优秀的青年去报考一家大公司，结果名落孙山。得知这个消息，青年深感绝望，于是自杀，未遂。后不久又得知他的成绩名列前茅，是电脑因故障分数出现差错，他被公司录用了。可很快又传来消息，说他被公司解聘了，理由是：一个人连这样小小的打击都承受不住，又怎能在今后的岗位上承担重任建功立业呢？这个青年虽然在考分上击败了众多对手，可他在心理上没能战胜自己，遇到挫折就恐慌、绝望。可见他的失败不在于别人而在于自己，在挑战自我层面上他是个失败者。

战胜自我是每个人都不能回避的人生课题，在当前竞争激烈的社会尤为重要。敢于挑战自我，是生活的强者和成功者的重要特征。

人性都是有弱点的。人在一生中想得最多的是战胜别人，超越别人，凡事都要比别人强。心理学家告诫我们：战胜别人首先要战胜自己。真正意志刚强的人，是有毅力控制自己的人。战胜自己应从小事开始。高尔基曾说："对微小毛病的克服就是巨大的胜利。"他这是现身说法，也是经验之谈。高尔基少年时代生活贫困，长期流浪街头，也曾染上不良习气，但后来他以坚强的毅力克服了这些毛病。他曾多次告诫青年人："人一生要战胜的敌人就是自己！"战胜自己就超越了自己。

对于一个生活的强者而言，这个世界上不存在他不能办到的事情，关键在于他是否以巨大的热情和坚强的意志去改变他渴望改变的现实。没有什么力量能操纵你的命运，除了你自己！每一个渴望生活更加美好的人都必须首先是一个能战胜自己、把握自己的人。能够战胜自己的人必能战胜生活！战胜了懒惰，才会有勤奋；战胜了骄傲，才会有谦逊；战胜了固执，才会有协调；战胜了偏见，才会有客观；战胜了狭隘，才会有宽容；战胜了自私，才会有大度。美国著名心理学教授丹尼斯·维特莱把这些称之为良好的精神准备。他指出：有无良好的精神准备，其结果会全然不同，有了良好的精神准备，就好比拥有了打开成功之门的钥匙，反之，则是给自己设置了一把封闭成功之门的铁锁。因此，战胜别人首先要战胜自己，因为最强大的敌人不是别人而是自己，最大的挑战就是挑战自我。自己说服自己，是一种理智的胜利；自己超越自己，是一种心理境界的升华；自己征服自己，是一种人生的成熟，也是一种人性的美好。

人生箴言

能够说服自己、超越自己、征服自己的人，就具备了足够的力量征服事业和生活中的一切艰难、一切挫折、一切不幸。

用行动战胜恐惧

恐惧是人们发挥潜力的一大障碍。如何克服恐惧感？最有效的办法就是：采取行动，勇敢地迈出实际的步子。

在奋斗之路上，你会遇到许多令你担心、烦恼、胆怯和恐惧的事。例如：你可能因为担心自己的店铺濒临倒闭而心烦意乱；因为在某项生意中损失惨重而万念俱灰；因为担心失去一位重要客户而忧心忡忡；因为害怕进行一场棘手的谈判而畏缩不前……这种心理状态，即恐惧感，是成功的头号敌人。它会阻止你迈出决定性的一步。

行动可以治愈恐惧，而犹豫和胆怯则助长恐惧。比如，你越是对一场艰难的谈判发怵，你就越没有勇气去谈判，拖延的时间越长，恐惧感就会越强烈。而当你硬着头皮走到谈判桌前时，你可能反而会镇静下来，从容应对。

一般来讲，我们所恐惧的事实是真实存在的，例如店铺亏损、失恋、家庭变故等等。要想消除恐惧，只有采取实际行动。不采取行动，恐惧感不但不会减弱，反而会增强，最终打垮你。

曾经有这样一个故事。战争中，敌机把家园炸成了废墟。许多人在那里痛哭流涕，觉得一切都完了。唯有一个男子，默不作声地从废墟中拣出一块又一块砖，放到一边——这是重建家园所需要的。他的行动影响了众人，大家停止了哭泣，也默默地干了起来。

如何克服恐惧感？最有效的办法就是：采取行动，勇敢地迈出实际的步子。

只有行动才能战胜恐惧，恐惧感会在行动中逐渐退却，自信心会在行动中逐渐上升。

任何问题都有解决的办法，只要你大胆地去行动。很多事情在做了以后，回过头来再看，会发现结果并不是你所想象的那么糟糕。

曾有一位负责一个大规模零售部门的经理来拜见管理专家拿破仑·希尔。这个40岁出头的中年人苦恼地向希尔诉苦说："我恐怕要失去工作了，我有预感我离开这家公司的日子不远了。因为统计资料对我非常不利，全公司的销售额增加了65%，而我这个部门的销售业绩却比去年降低了7%，这实在糟糕。最近，商品部经理把我叫去，责备我跟不上公司的进度。"

"我从未有过这样的感觉。"他继续说，"我已经丧失了掌控局面的能力，我的助理也感觉出来了。其他的主管也觉察到我正在走下坡路。我就像一个快淹死的人，旁边站着一群旁观者在等着我没顶。我猜我是无能为力了，我很害怕，但是我仍希望有转机。"

拿破仑·希尔反问他："只是希望能够吧？"接着希尔停了一

下，没等他回答又接着问："为什么不采取行动来支持你的希望呢？今天下午就想办法将那些销售数字提高。这是必须采取的措施。你的营业额下降一定有原因，把原因找出来。你可能需要一次廉价大清仓，好买进一些新颖的货物，或者重新布置柜台的陈列；你的销售员可能也需要更多的热忱。我并不能准确指出提高营业额的方法，但是总会有方法的。最好能私下与你的商品经理商谈。也许他正打算把你开除，但假如你告诉他你的构想，并征求他的意见，他一定会给你一些时间再试一试的，因为他们看到你在努力，这一点是很重要的。只要他们知道你能找出解决问题的办法，他们就不会做划不来的事情。"

希尔继续说："首先你自己不能再像一个快淹死的人，要让你周围的人都知道你活得好好的。你还要调动起大家的积极性，使你的助理打起精神。"

在希尔的鼓励下，他的眼神中又流露出了勇气。

一段时间后，这位一度遭受挫折的经理打电话给希尔："我们上次见过以后，我就努力去改进。最重要的步骤就是改变我的推销员。我以前都是一周开一次会，现在是每天早上开。我真的使推销员们又充满了干劲，大概是看我有心改革，他们也愿意更努力。成果当然也出现了。我们上周的周营业额比去年的高得多，而且比所有部门的平均业绩也好得多。一切又变得十分美好。"

没游过泳的人站在水边，没跳过伞的人站在机舱门口，都是越想越害怕，人处于不利境地时也是这样。治疗恐惧的办法就是行动，做起来就忘记害怕了。

人生箴言

将恐惧置于行动之中，恐惧感会在一次次的行动中自然消失。

忘记失败

　　电影《杀戮战场》中有一幕令人震惊：那是个生活在高棉战乱中的小孩，只有十二三岁，在极端绝望的心情下，拾起一支机关枪，向周围扫射。观众不禁要问，到底是为什么，逼得一个孩子做出那样的举动来？行为学家认为，一方面是这个孩子掉入了人性极度残暴的深渊；另一方面，他生活在硝烟弥漫、断垣残瓦的世界，认为持枪射击是适当的反应。他看见别人做过，所以自己也这么做。

　　行为是心态的反映、记忆的再现。也就是说，行为是把储存在大脑中的做法再施展出来。如果你的记忆里过去的失败根深蒂固，那么，你便会重复失败。相反，如果你储存了成功的记忆，那么运用与当时相同的心理和生理状况，就可再获成功。

　　1984 年奥运会之前，将参加 1500 公尺自由式游泳的选手迈克尔·奥布莱恩一直在苦练，可是他总觉得自己不可能赢得这枚金牌，他的心里似乎有一块阻挠他取胜的障碍。他认为拿到金牌是奢望，因此把目标放在铜牌，至多是银牌，就是不敢指望金牌。因为同场竞技的另一位好手——乔治·迪卡洛，已经击败过他数次。

为了帮助他，潜能开发专家罗宾花了一个半小时，和迈克尔一起回忆他巅峰时的状况，也就是那场曾击败过迪卡洛的比赛，从中找出当时锻炼的方式、脑海里的想法、自我打气的言论、赢后的感觉等等。他们逐项地探讨他当时的生理及心理状况，甚至是比赛时枪响前一刹那的情况。奥布莱恩进入决赛后，按照击败迪卡洛时所做的每项动作演练，结果，他赢得了金牌，而且整整领先迪卡洛 6 秒之多。

可见，人的记忆会影响人的行为。如果我们总是记取那些让我们沮丧、郁闷的经验或经历，那么在遇到同样的情境时，我们依然会像从前那样害怕失败。这就是俗话说的"一朝被蛇咬，十年怕井绳"。

"好了伤疤忘了疼"，其实正是人的情绪调节机制，这可以使人能够及时摆脱那些不愉快的、可能会影响心情和健康的事情。

小孩子在这方面堪称是大人的老师，尤其是他们处理矛盾和冲突的方法。当一个孩子生另一个孩子的气时，他会说："我不和你玩儿了。"然而过不了多久，他可能又回来找那个孩子玩儿，好像什么都没发生过。他们的心里不会有不愉快的记录，更不会念念不忘过去的事情。

失败其实只在你的心中，世界上并没有真正的失败！如果不能忘记失败，你将永远生活在失败的阴影中。

人生箴言

　　忘记失败，就不会妄自菲薄，不会背负失败的阴影而影响拼搏的信心。忘记失败，才能获得新的成功！

敢于向压力挑战

　　一个音乐系的学生走进练习室。钢琴上，摆放着一份全新的乐谱。

　　"超高难度。"他翻动着，喃喃自语，感觉自己对弹奏钢琴的信心似乎跌到了谷底，消磨殆尽。

　　已经3个月了，自从跟了这位新的指导教授之后，他不知道教授为什么要以这种方式整人。指导教授是个极有名的钢琴大师。他给自己的新学生准备了一份从未见过的乐谱。

　　"试试看吧！"他说。乐谱难度颇高，学生弹得生涩、僵滞，错误百出。

　　"还不熟，回去好好练习！"教授在下课时，如此叮嘱学生。

　　学生练了1个星期，第2周上课时，没想到教授又给了他一份难度更高的乐谱："试试看吧！"上星期的功课教授提也没提。学生只得再次挣扎于更高难度的技巧挑战之中。

第3周，更难的乐谱又出现了，同样的情形持续着。学生每次在课堂上都挑战一份新的乐谱，然后将其带回去练习，接着再回到课堂上，重新面临难上两倍的乐谱。这样一来学生怎么样都追不上教授的教学进度，对所练习的乐谱，始终没有驾轻就熟的感觉。学生感到愈来愈不安、沮丧及气馁。

这天，教授走进练习室。学生再也忍不住了，他向教授提出了自己的疑问。

教授没开口，他抽出了最早的第一份乐谱，交给学生。"弹奏吧！"他以坚定的眼神望着学生。不可思议的事情发生了，连学生自己都惊讶万分，他居然可以将这首曲子弹奏得如此美妙、如此精湛！教授又让学生试了第二堂课的乐谱，学生仍然有高水平的表现。演奏结束，学生怔怔地看着老师，说不出话来。

"如果我任由你表现最擅长的部分，可能你还在练习最早的那份乐谱，不可能有现在这样的表现。"教授缓缓地说。

人，往往习惯于停留在自己所熟悉、所擅长的领域。但细细想来，让我们成长、进步、积累知识和能力的，其实正是那些紧锣密鼓的工作挑战和永无止境、难度渐升的压力。压力可以称为潜能之母。压力有时会把人的潜能激发出来，可以帮助和促使人找到更好更聪明的工作方式。

茉莉是两个孩子的母亲。十几年前，她失业了，后来又离了婚，没有固定收入。由于既未受过正式教育，又缺乏谋生技能，因此生存危机降临到茉莉的头上。更糟糕的是，在决定试着创业后，她选错了从商时机，所有的努力都付诸东流，境遇比以前更惨。可是她没因此放弃努力。

在凑足旅费、带着两个女儿回到故乡夏威夷后，有一天，她去市场选购夏威夷罩袍，发现这些服装只有一种尺码，同时花色非常呆板，缺少变化。这些需求量很大的服装是由当地的染织厂制造的，样式屈指可数，做工粗糙，一点也不适合特殊场合穿着。茉莉马上意识到这里隐藏着商机——她决定改良这种产品，满足人们的多样化需求。虽然她的朋友对她的想法提出了警告，但她仍充满自信，以仅有的100美元资金开始在家里为别人缝制她设计的衣服。由于她缝制的衣服美观、实用且有特殊的风格，因而立即受到了当地民众的喜欢，茉莉的生意也就越做越大。后来，茉莉的服装卖到了美国本土，公司规模也不断扩大。茉莉在压力中产生的灵感不但从危机中挽救了她，而且还促成了她的成功。

像茉莉这样的例子在生活中并不少见。试想，一个养尊处优的人，是绝不会想到那一点的。因为他没有压力感，根本不会去积极发挥出自己全部的潜能去寻求摆脱困境的办法。而一旦人们调动起自己的潜能，其力量是惊人的。

大多数成功人士都经受过无数次压力，一个经常生活在压力中的人，才是真正的有希望的人。经受压力越多的人，他的挫折承受力和对挫折做出适当反应的能力就越高。

人生箴言

不要逃避压力，相反，为了挖掘自己的潜能，要为自己创造一定的压力环境。唯有经过的不断的磨炼，我们才能够成为那个更强大的自己。

创造自己的方式

有句话说得好，自己的水要自己去挑，自己的柴要自己去砍。同样的道理，你的潜能有待自己去开发。

潜能激励专家魏特利曾经说过这样一句话："在开发潜能时，没有人会带你去钓鱼。"

开发潜能最好的方式就是动手去实践。

火车发明者史蒂芬孙从未在学校受过教育，8岁给人家放牛，13岁就跟父亲到大煤矿干活儿。起初，他给蒸汽机司炉当副手，做擦拭机器的简单工作。但他始终没有满足于只当小工，在别人修理机器时他细心观察，了解了机器的构造和功能。经过刻苦学习和长时间实践，他积累了许多经验，掌握了相当熟练的技巧。

一天，煤矿里一辆运煤车坏了，机械师们修理了好长时间也没能修好，史蒂芬孙自告奋勇要求修理。他平时摆弄过很多机器，已了解到这种运煤车构造上容易出毛病的地方。于是，他从容不迫地拆开机器，调整了出毛病的地方，再按照原样装配好，运煤车果然开动起来了。通过这件事，他很快升任机械修理匠，直至机械工程师。

像史蒂芬孙这样用心地从学习、生活和工作中吮吸养分，滋润、充实自己，自己的潜能就一定会得到激发，从而积小流成江海、积跬步至千里。

下定决心去行动、去实践，往往会激发潜能，使你最热望的梦想变成现实。

史威济非常喜欢打猎和钓鱼，他最喜欢的生活方式就是带着钓鱼竿和猎枪步行50里到森林里，尽管几天以后回来时筋疲力尽、满身污泥，但他感到快乐无比。

这类嗜好唯一让他感到不便的是：他是个保险推销员，打猎钓鱼太花时间。有一天，当他依依不舍地离开心爱的鲈鱼湖，准备打道回府时突发奇想：在这荒山野地里会不会也有居民需要保险？那他不就既可以工作又有户外逍遥的机会了吗？结果他发现了他们——阿拉斯加铁路公司的员工——散居在沿线五百里各段路轨的附近。他想，可不可以沿铁路向这些铁路工作人员、猎人和淘金者推销保险呢？史威济想到这个主意的当天就开始积极行动起来。他向一个旅行社打听清楚路线以后，开始整理行装。他没有停下来让恐惧乘虚而入，也没有想过这个主意是否荒唐、会不会失败。他没有丝毫犹豫，直接搭上了前往阿拉斯加"西湖"的船只。

史威济沿着铁路走了好几趟，那里的人都叫他"步行的史威济"，他成为那些与世隔绝的家庭最欢迎的人。同时，他也代表了外面的世界。不但如此，他还学会了理发，替当地人免费服务。他还无师自通地学会了烹饪。由于那些单身汉吃腻了罐头食品和腌肉之类的食物，他的手艺当然使他变成最受欢迎的贵客啦。此外，他也实现了自己的理想：徜徉于山野之间、打猎、钓鱼，并且——像他所说的——"过史威济的生活"。

在人寿保险业里，一年卖出 100 万元以上的人会享有一个特别荣誉，叫做"百万圆桌"。在孟列·史威济的故事中，最使人惊讶的是，在他把突发的念头付诸实践以后，在动身前往阿拉斯加的荒原以后，在沿线走过没人愿意前来的铁路以后，他一年之内就做成了百万元的生意，因而赢得"百万圆桌"上的一席之地。假使他在突发奇想时对自己的信心有半点迟疑，这一切都不可能发生。

养成习惯，先从小事上练习"现在就去做"，并勤于思考、敢于突破常规，在紧要关头或有机会时便会临危不乱、泰然应对。

传说公元前 233 年冬天，马其顿亚历山大大帝进兵亚细亚。当他到达亚细亚的弗尼吉亚城时，听说城里有个著名的预言：几百年前，弗尼吉亚的戈迪亚斯王在其牛车上系了一个复杂的绳结，并宣告谁能解开它，谁就会成为亚细亚王。自此以后，每年都有很多人来看戈迪亚斯打的绳结。各国的武士和王子都前来一试身手，解这个结，可总是连绳头都找不到。

亚历山大对这个预言非常感兴趣，命人带他去看这个神秘之结。幸好，这个结尚完好无损地保存在朱庇特神庙里。

亚历山大仔细观察着这个结，却始终没有找到绳头。

这时，他突然想到："为什么不用自己的方式来打开这个绳结呢？"

于是，他拔出剑来，一剑把绳结劈成两半，这个保留了数百载的难解之结，就这样轻易地被解开了。

人生箴言

　　没有行动，没有实践，将永远找不到自己的方式。不要轻视小小的行动，不要轻视小小的创造。点滴的创造都是实现自我的最佳途径。

自我激励的"黄金"步骤

　　激励能鼓舞人们作出选择并去行动。那么，自我激励就不失为一种有效的措施。

　　一位从事保险业的年轻人，虽然努力投入保险推销工作，但业绩始终不理想。后来，听了一位成功学专家的演讲后，他相信自己之所以没有取得成功，是因为没有认真想过要创下纪录，没有进行自我激励。他于是采取更积极的态度，在心里描绘自己获得最佳业绩的情景，下定了创纪录的决心。

　　他给自己定了该年度的营业目标额，那是个"吓人的"数字，根据他过去的业绩来看，那几乎是个不可能达成的目标。

　　他将激励自己的话写在纸上，放在上衣口袋里，不时地拿出来看一下，他深信自己能够完成这项任务——

　　今年是我最好的一年。

我要把所有的干劲和精力投入工作中，享受工作的乐趣。

以积极进取的态度，相信能达到高于去年 50% 的业绩。

我一定会实现这个目标。

这些自我激励的话语使年轻人激发了连自己都不知道的潜能，那一年结束时，他的营业额正好增加了 50%。而且，他的业绩仍在持续增长中。

大部分人容易犯的错误是不是给自己激励，而是习惯给自己设限。例如，你给自己定了一个目标是今年赚 10 万元，其实经过努力能赚 20 万元，由于你的自我限制，虽然达到了目标，但是并没有发挥出你的最大潜能。虽然比较低的标准完成起来比较容易，你会得到心里的极大满足，并为此沾沾自喜，但这样的目标实际是在限制你的成功。

许多成功人士都常常进行有意识的自我激励。新闻分析专家卡特本说，他年轻的时候在法国当推销员，每天走访一户又一户的人家，每天出发以前都要对自己说一番勉励的话。魔术大师荷华常在他的化妆室里跳上跳下，一次又一次大声喊道："我爱我的观众。"直到他的血液沸腾起来，然后才走到舞台上，向观众呈现一次充满活力和愉快的表演。

我们不妨也在每天早上对自己说："我爱我的工作，我将要把我的能力完全发挥出来。我很高兴这样活着——我今天将要 100% 地活着。"

人的潜力是无穷大的，不要限制自己的能力发挥，不要害怕制定更高的标准。

罗宾先生在 27 岁的时候，只是个一年赚 2 万美金的穷小子，他给自己提高了要求，要在 28 岁那年赚 25 万美金，想想这是一个多么有难度的挑战？别人都为之捏了一把汗。结果怎样呢？在下一年，他整整赚了 100 万美金，远远超过 25 万美金的预期目标。

那么，如何进行自我激励呢？拿破仑·希尔认为，一个人要想在创富方面有所作为，可以按照如下的"黄金"步骤进行自我激励，当然这一步骤对别的事业也同样适用：

（1）你要在心里确定你希望拥有的财富数字——笼统地说"我需要很多、很多的钱"是没有用的；你必须确定你要求的财富的具体数额。

（2）确确实实地决定，你将会付出什么努力与多少代价去换取所需要的钱——世界上是没有不劳而获这回事的。

（3）规定一个固定的日期，一定要在这日期之前把你要求的钱赚到手——没有时间表，你的理想之船永远不会"泊岸"。

（4）拟定一个实现你理想的可行性计划，并马上进行——你要习惯"行动"，不能够再停留于"空想"。

（5）将以上四点清楚地记下——不可以单靠记忆，一定要白纸黑字写下来。

（6）不妨每天两次大声朗诵你写下的计划的内容。一次在晚上就寝之前，另一次在早上起床之后——当你朗诵的时候，你必看到、感觉到和深信你已经拥有这些钱！

人生箴言

人人都需要激励，不要等着别人来激励自己。每天进行自我激励，你的潜能才能得到激发。

不要被外界左右

　　一个老者携孙子去集市卖驴。上路后，开始时孙子骑驴，爷爷在地上走，有人指责孙子不孝；爷孙二人立刻调换了位置，结果又有人指责老头儿虐待孩子；于是二人都骑上了驴，一位老太太看到后又为驴鸣不平，说他们不顾驴的死活；最后爷孙二人都下了驴，徒步跟着驴走，不久又听到有人讥笑："看！一定是两个傻瓜，不然为什么放着现成的驴不骑呢？"

　　爷爷听罢，叹口气说："还有一种选择，那就是咱俩抬着驴走了。"

　　这虽然是一则笑话，但是却深刻地反映了我们在日常生活中习焉不察的一种现象——从众效应。所谓从众效应，是指个体受到群体的影响而怀疑、改变自己的观点、判断和行为等，以和他人保持一致。也就是人们通常所说的"随大流"。

　　在生活中，每个人都有不同程度的从众倾向，总是倾向于跟随大多数人的想法或态度，以证明自己并不孤立。很少有人能够在众口一词的情况下坚持自己的不同意见。

1952 年，美国心理学家所罗门·阿希设计实施了一个实验，来研究人们的"随大流"思想。他告诉参加实验的大学生，这个实验的目的是研究人的视觉。当某个来参加实验的大学生走进实验室的时候，他发现已经有 5 个人先坐在那里了，他只能坐在第 6 个位置上。事实上他不知道，其他 5 个人是跟阿希"串通"好了的（即所谓的"托儿"）。

阿希要大家作一个非常容易的判断：比较线段的长度。他拿出一张画有一条竖线的卡片，然后让大家比较这条线和另一张卡片上的 3 条线中的哪一条线等长。判断共进行了 18 次。事实上这些线条的长短差异很明显，正常人是很容易作出正确判断的。

然而，在两次正常判断之后，5 个"托儿"故意异口同声地说出一个错误答案。于是真正的被试者开始迷惑了，是坚定地相信自己的眼力呢，还是说出一个和其他人一样、但自己心里认为不正确的答案呢？

从总体结果看，平均有 33% 的人的判断是从众的，有 76% 的人至少作了一次从众的判断，而在正常的情况下，人们判断错的可能性还不到 1%。当然，还有 24% 的人一直没有从众，他们按照自己的正确判断来回答。

中国有句成语叫"木秀于林，风必摧之"。这种中庸的处世哲学，虽然可以让人少冒风险，但也扼杀了人的创造性，压制了人的个性。能否不被外界左右，减少盲从行为，运用自己的理性判断是非并坚持自己的判断，是成功者与失败者的分水岭。

日本指挥家小泽征尔有一次去欧洲参加指挥家大赛，在进行前三名的决赛时，评委交给他一张乐谱。演奏中，小泽征尔突然发现乐曲中出现了不和谐的地方，以为是演奏家演奏错了，就指挥乐队停下来重奏一次，结果仍觉得不自然。

这时，在场的权威人士都郑重声明乐谱没有问题，是他产生了错觉。面对几百名国际音乐权威，他不免对自己的判断产生了动摇。但是，他考虑再三，坚信自己的判断没错，于是大吼一声："不，一定是乐谱错了！"他的喊声一落，评委们立即向他报以热烈的掌声，祝贺他大赛夺魁。原来，这是评委们精心设计的"圈套"，以试探指挥家们在发现了错误而权威人士又不承认的情况下是否能坚信自己的判断。

一个容易被他人和环境左右的人，必定是缺乏主见和意志不坚定的人，这样的人怎么能充分发挥自己的能力呢？只有不被外界左右，敢于坚持自己的想法和观点，才可能有所创新。

佛兰在 1961 年加入了职业橄榄球队。专家给他的评价实在不怎么令人兴奋，说他"身材太瘦小，双脚动作太慢，而且太弱——无法承受处罚"。但佛兰是一个有决心的人。他不但成功地留在球队，而且在短期内成为最佳球员。他不但成为第一控球手，还获得最佳夺球手和最佳传球手的美誉。

事实上，佛兰不仅是美国橄榄球联赛中任期最长的一位控球手，他的传球码数更超过橄榄球运动史上任何一位控球手。这位明尼苏达州维京人队的球手，被公认为是美式橄榄球运动史上最了不起的球员。

人生箴言

随波逐流是轻松的，尤其在面临逆水行舟的时刻。但若要对生活负责，就要尊重自己的意志，即使作出的决定未能如愿以偿，也无怨无悔。

守住你的金矿

　　每个人都犹如一座待开发的金矿，蕴藏无穷，价值无比。只不过，我们常常不知道自己该如何发掘这些宝藏，更别说让其淋漓尽致地发挥作用了。

　　"能够发掘自己的人是幸运的，"卡莱尔说，"他不再需要其他的福佑。他有了自己命中注定的职业，也就有了一生的归宿。他找到了自己的目标，并将执著地追寻这一目标，奋力向前。"

　　虽然大多数人不能成为爱因斯坦式的人物，但任何一个平凡的人都可能成就一番事业。人人都是天才，因为天才身上的特质，在普通人身上都可以找到萌芽。

　　人生最大的误区就是"灯下黑"，因为两眼总向远处看，结果脚边的珍宝却被一脚踢开。

　　美国田纳西州有一位居民，他在居住地拥有 6 公顷山林。在美国掀起西部淘金热时，他变卖家产举家西迁，在西部买了 90 公顷土地进行钻探，希望能在这里找到金矿。他一连干了5年，不仅没有找到任何东西，最后连家底也折腾光了，不得不又重返田纳西州。

当他回到故地时，发现那儿机器轰鸣。原来，被他卖掉的那个山林就是一座金矿，主人正在挖山淘金。如今这座金矿仍在开采中，它就是美国有名的门罗金矿。

一个人一旦丢掉属于自己的东西，就有可能失去一座金矿。

一个人性格上有缺点很正常，最怕的是不了解自己性格上的长处。请记住：不要回避自己性格上的弱点，但一定要发挥自己性格上的强项！一味地去弥补缺点，只能将自己变成一个平凡的人！发挥强项，却可以使自己出类拔萃！因此，不管你从事什么行业，一定要充分发挥自己性格上的优势。一位教育专家说："不管你天性擅长什么，都要顺其自然；永远不要丢开自己天赋的优势和才能。顺其自然就会成功，否则，无异于南辕北辙，结果一事无成。"

因此一定要花些工夫把自己的优点弄清楚，并且继续不断地去发现更多的优点、培养新的优点。比如说，你根本不让自己有机会到球场去拿起拍子实地打球，那你怎么能知道自己有没有打网球的才能呢？当然，到球场去有相当的冒险性——能不能打球，到了球场，能就是能，不能就是不能。如果发现自己有打球的才能，并且也喜欢打网球，那么你便能开始练习，不久，兴趣也就变成了你的优点了。你可能变成网球选手，那么你的优点又多了一项。

人生箴言

发现自己的才能，然后抓住一切机会去发展自己的才能，在你擅长的事情上去获得成功。

永远保持好奇心

大脑经历的创造性发现次数越多，就越能产生新的洞察力。我们把这种对洞察力的渴求称为"好奇心"。对大脑来说，好奇心本身就是一种奖励。长久保持好奇心能带来智慧。

在一次美德能否传授的辩论中，苏格拉底拿出一箱蜜酒打赌说，他能教奴隶学会毕达哥拉斯定理。他既没有幻灯机，也没有讲义和课本，但他只需要两样东西就能教会奴隶：一是正确提问，二是仔细聆听回答者的言外之意。

苏格拉底深信，有效的提问能激发人的好奇心、开启人的智慧、激发人的才能。

创新就是从一个人的好奇心开始的，我们要对事物保持好奇心，并把这种好奇心转化为创新的动力。

一只苹果从树上掉下来，这么平常的现象，牛顿却感到好奇——苹果怎么会往地上掉呢？许多自以为聪明的人闻之哑然失笑，认为太荒唐了，但牛顿偏要寻根问底，结果发现了万有引力。

水开了蒸汽便会顶起壶盖，这是千百年来天天发生的事情，但英国人瓦特却感到好奇——蒸汽怎么会有顶起壶盖的力量呢？结果，他发明了蒸汽机，从而引发了一场现代工业革命。

爱因斯坦始终保持着强烈的好奇心，经常能问一些大人不屑一顾、看起来只有小孩子才能问的问题。因而，爱因斯坦成为伟大的科学家，而一般人则没有，区别就在这里。

如果对任何事物都缺乏好奇心，没有求知的欲望，也就没有学习和创新的动力。西方有句谚语："好奇是研究之父、成功之母。"孩子是最好的学习者，因为他们有着强烈的好奇心。他们对什么都要问一个"为什么"。而人类知识的增长亦来自好奇心，人类进步所需的发明创造，更需要好奇心。

一个人如果对什么事情都无动于衷、熟视无睹，便难以敏锐地捕捉信息和机遇。而那些具有强烈的好奇心与求知欲的人、具有独立性和自主精神的人、富于怀疑和冒险精神的人，以及兴趣广泛、知识面广的人，则眼光敏锐、思维活跃，最能寻找到成功之路。

乔治·西屋是美国西屋电器公司的创办人。乔治·西屋的事业成功也在于他具有极强的好奇心，有一种"打破砂锅问到底"的精神。

有一次，他乘火车出差，没想到火车误点5个多小时。旅客个个怨气十足，纷纷向站务员询问误点原因，后来才知道火车在中途与另一列火车相撞，致使交通中断。

据此，很多旅客决定改乘汽车。但乔治·西屋却与众不同，他好奇地跑去问站长，是什么导致了火车相撞事故？答案是火车刹车失灵。

到了这步，乔治·西屋仍不满足，又好奇地去追问，刹车为什么会失灵的呢？几经周折，他终于搞清楚了当时火车的刹车方法——由于在每节车厢设有单独的刹车器，必须所有刹车工同时拉刹车器，才能使火车慢慢停下来。可是人的反应速度有快有慢，根本不可能把每节车厢同时刹住，因而车厢与车厢间发生撞击，更严重的是，常因刹车器失灵而发生两列火车相撞事件。

乔治·西屋据此开始思考：如果能够改良火车的刹车系统，火车相撞的事件必将大大减少，自己也可获得一个发财的机会。

乔治·西屋经过反复的研究及与专家和火车工作人员的商讨，终于想出解决上述难题的办法，在火车司机驾驶室设置全车统一的刹车器，把每节车厢的刹车工人取消。这一改进的效果很显著，于是全美国的火车都采用了这一系统。

不久，他又利用压缩空气为动力，发明了性能更优越的空气刹车器，只要拉开气门枢纽，很轻易地就能把火车刹住。这一空气刹车器成为 19 世纪最伟大的发明之一，为西屋电器公司带来了巨大的经济收入和声誉。

人生箴言

不要因为天天发生就司空见惯，不要因为普遍存在就熟视无睹。永远带着好奇的眼光看事情，永远保持好奇的心理去对待人和事，你会从中找到出路和机遇。

第八篇

不放弃，就会有奇迹

坚持，就能走出人生低谷

一位拳击冠军年老时对儿子回忆起某次比赛。

在一次拳击冠军对抗赛中，他遇到了一位人高马大的对手。因为他的个子相当矮小，一直无法反击，他被对方击倒了两次，连牙齿都被打出血了。

休息时，教练鼓励他说："辛，别怕，你一定能坚持到第 12局！"

听了教练的鼓励，他也说："我不怕，我应付得过去！"

于是，在场上他跌倒了又爬起来，爬起来后又被打倒，虽然一直没有反攻的机会，但他却咬紧牙关坚持到了第 12 局。

第 12 局眼看要结束了，对方打得手都发颤了，他发现最好的反攻时机终于来了。于是，他倾全力给对手一个反击，只见对手应声倒下，而他则挺过来了，那也是他拳击生涯中的第一枚金牌。

父亲的经历对儿子后来战胜困境起到了积极的作用。当时正逢美国经济大危机，他和妻子先后都失业了。但是为了生活，他们夫妻俩每天仍努力找工作。晚上回来时，虽然总是望着彼此摇头，但是他们从不气馁，而是相互鼓励说："放心，我们一定能应付过去。"

终于，一切都过去了，一家人又回到了宁静、幸福的生活中。

于是，每当晚餐时，儿子总会想到父亲说的那段话，决定要将这段话传播开去，他要告诉子孙们与朋友们，甚至是他遇到的每一个生活艰苦的人，那便是在困境中要告诉自己"我一定应付得过去"。

在人生的海洋中航行，不会永远都一帆风顺，难免会遇到狂风暴雨的袭击。在巨浪滔天的困境中，我们更须坚定信念，告诉自己"我一定能应付过去"。

当我们有了这份坚定的信念，困难便会在不知不觉中慢慢远离，生活自然会回到风和日丽的宁静与幸福之中。

对于那些成功者而言，所有的逆境都不过是暂时的，而战胜逆境的意志却是永恒的。

拿破仑在谈到他的一员大将马塞纳时说，在平时他的真面目是显示不出来的，但是当他在战场上见到遍地的伤兵和尸体时，他内在的"狮性"——就会猛然爆发出来，他打起仗来就会像"恶魔"一样勇敢。

艰难的情形、失望的境地和贫穷的状况，在历史上曾经造就了许多伟人。如果拿破仑在年轻时没有窘迫、绝望的遭遇，那么他决不会如此多谋、如此镇定、如此刚勇。巨大的危机和变故，往往是引爆他们走上伟人之路的火药。人类有几种本性除非遭到巨大的打击和刺激，是永远不会显露出来、永远不会爆发的。这种神秘的力量深藏在人体的最深层，非一般的刺激所能激发，但是每当人们受了讥讽、凌辱、欺侮以后，便会产生一种新的力量，激发出自己的潜能，做出自己从前连想都不敢想的事情。

一个成功的商人说，他在自己一生中所获得的每一个成功，都是与艰难苦斗的结果。因为每一次都咬着牙坚持，每克服一个难题，都会让自己的信心倍增。现在对那些不费力而得来的成功，反倒觉得有些靠不住。

人生箴言

相信自己对于困难能"应付过去"，勇敢迎战人生的各种磨难，就一定能走过人生的低谷。

用上所有的力量

一个小男孩在他的玩具沙箱里玩耍。沙箱里有他的一些玩具小汽车、敞篷货车、塑料水桶和一把亮闪闪的塑料铲子。在松软的沙堆上修筑公路和隧道时，他在沙箱的中部发现一块硕大的石头。

小家伙开始挖掘石头周围的沙子，企图把它从泥沙中弄出去。手脚并用，似乎没有费太大的力气，石头便被他连推带滚地弄到了沙箱的边缘。但他太小了，对他来说石头那么巨大。他无法把石头向上滚动、翻过沙箱边框。

小男孩下定决心，手推、肩挤、左摇右晃，一次又一次地向石头发起冲击，可是，每当他刚刚觉得取得了一些进展的时候，石头便滑脱了，重新掉进沙箱。

小男孩只得使出吃奶的力气猛推猛挤。但是，石头再次滚落回来，砸伤了他的手指。

最后，他伤心地哭了起来。这整个过程，男孩的父亲透过起居室的窗户看得一清二楚。当泪珠滚过孩子的脸庞时，父亲来到了他的面前。

父亲的话温和而坚定："儿子，你为什么不用上所有的力量呢？"

垂头丧气的小男孩抽泣道："我已经用尽全力了，爸爸，我已经尽力了！我用尽了我所有的力量！"

"不对，儿子，"父亲亲切地纠正道，"你并没有用尽你所有的力量。你没有请求我的帮助。"父亲弯下腰，抱起石头，将石头搬出了沙箱。

一个人的能力有限，想做到面面俱到是不可能的，人互有短长，你解决不了的问题，对你的朋友或亲人而言或许就是轻而易举的事情。记住，你的亲人、朋友，甚至对手，他们都是你的资源和力量。

"狐假虎威"的故事说的就是这个道理，在一个大森林里，有一天，老虎在深山老林里转悠，突然发现了一只狐狸，便迅速抓住了它，心想：今天可以美美地享受一顿午餐。狐狸生性狡猾，它知道被老虎逮住了，前景一定不妙，于是就编出一个谎言，对老虎说："我是天帝派到山林中来当百兽之王的，你要是吃了我，天帝是不会饶恕你的。"

老虎对狐狸的话将信将疑，犹豫不定，便问："你当百兽之王，有何证据？"

狐狸赶紧说："你如果不相信我的话，可以随我走一趟，亲眼看看百兽如何对待我。"

老虎想了想，就依了狐狸。于是让狐狸在前面带路，自己尾随其后，向山林的深处走去。森林中的野兔、山羊、花鹿、黑熊等各种兽类远远地看见老虎来了，一个个吓得魂飞魄散，纷纷夺路逃命。

转了一圈之后，狐狸洋洋得意，对老虎说道："现在你该看到了吧？森林中的百兽，谁都怕我！"

老虎并不知道百兽害怕的正是它自己，就信以为真，放了狐狸。狐狸不仅躲过了被吃的厄运，而且还在百兽面前大抖了一回威风。

每个人都想成功，但很少有人能单凭个人的努力和实力实现。努力和实力是成功的基础，寻求他人的帮助与支持是创业之路不可缺少的重要环节。

也许你说狐狸狡猾，但以现代社会的生存法则来看，狐狸是聪明的，它的成功来自于它的交际能力与技巧。当你处在创业的关键时刻或扩张的重要环节，想得到别人的帮助与支持，以达成自己的目标，就得学会巧妙地借用他人之力，将借得的力合理使用，将来再回报他人。

人生箴言

没有人不需要别人的帮助。善于寻求别人的帮助，不仅是一种生存能力，更能让你事半功倍。

决定了的事就努力做到

　　二战期间，犹太人斯坦尼斯洛一家被纳粹逮捕并像牲畜般地赶上火车，一路开到了令人不寒而栗的奥斯维辛死亡集中营。斯坦尼斯洛从未想到竟然会有一天目睹家人的死亡，他的孩子只不过去冲了个"淋浴"便失去了踪影，而衣服却穿在别的小孩身上，他怎么受得了这种锥心之痛呢？然而，他还是咬着牙熬过来了。他知道自己终有一天也得面对相同的噩梦，只要在这座集中营多待一天，就难有活命的可能。因此他作了个"决定"，就是一定得逃走，并且越快越好。虽然此刻还不知怎么逃，但是他知道不逃是不行的。接下来的几个星期，他急切地向其他人问道："有什么方法可以让我们逃出这个可怕的地方？"可是得到的总是千篇一律的回答："别傻了，你这不是白费力气吗？根本不可能逃出这个地方的。还是乖乖地干活儿，求老天多多保佑吧！"但斯坦尼斯洛没有泄气，依然时时刻刻想着："我得怎么逃呢？总会有办法的吧？我得怎么做，才能平平安安逃出这个鬼地方呢？"虽然有时想出来的逃生之道十分荒唐，可是他始终都不气馁，仍然锲而不舍地动脑筋。终于有一天，他想到了一个办法。

这个逃生之道简直是没有人能够想得出来的，就是借助于腐尸的臭味。

但这个方法是可行的，因为离他做工的地方数步之远便是一堆要抬上车的死尸，里面有男有女、有大人也有小孩，都是在毒气间被毒死的。他们嘴里镶的金牙被拔掉了，身上值钱的珠宝被拿走了，连穿的衣服也被剥光了。

那天临近收工，众人正忙着收拾工具，斯坦尼斯洛趁没有人留意，迅速躲在卡车后面脱下所有衣服，以迅雷不及掩耳之势，赤条条地趴在了那堆死尸之上，装得跟死人一模一样。他屏住呼吸一动也不动，哪怕还有其他的死尸后来又堆在他的身上。

在他的四周堆满了死尸，其中有些已经流出血水，散发出臭味。这都未使斯坦尼斯洛移动分毫，唯恐被别人发现他的诈死。他只是静静地等待被搬上车，然后等车开走。终于他听到卡车引擎发动的声音，随后一颠一颠地上了路，虽然四周的气味十分难闻，不过在他的心里已然升起活命的希望。不久，卡车陡地停在一个大坑前面，上面一件件令人不忍目睹的货物被倾卸而下，那是数十具死尸以及一个装死的活人。在坑里，斯坦尼斯洛仍然静止不动，等着时间一分一秒地过去，直到暮色降临四周已无人，他才悄悄地攀上坑口，不顾身无寸缕，一口气狂奔了70公里，最终得以活命。

在奥斯维辛集中营里丧命的人不计其数，可是斯坦尼斯洛却活了下来，最重要的一点就是因为他作出了一个别人不敢作的决定，并且想尽办法去付诸实施。

我们的决定会影响我们的行动、方向乃至于最终的命运，这一连串的影响可以说是我们思考——对人生所作认定和创造意义的过程——下的产物，所以如果我们想开创人生，就得首先作出决定。

决定不是空想，决定了的事，无论遇到多大阻力，都要想办法去做到。有的人对于事业目标计划得很辉煌，但实施起来，稍微遇到一点困难就失去信心、半途而废，或者三天打鱼、两天晒网，这样下去，又怎么能成功呢?

人生箴言

决定要做的事，不管困难多大，不管结局如何，都要先去做。只有去做，才有可能创造奇迹。

欢乐具有个人色彩

欢愉是一种恩赐，纵使不是你的生日、不是假日或周年纪念日，依然会降临你身。欢愉之所以发生，是因为它存在，它自动自发、自然涌现，活泼轻快，欢愉和此时此刻合二为一，与人生同步，欢愉是快乐真正的灵魂。

在你心中想象两个影像：第一个影像是纽约证券交易所的股票经纪人，他们在营业日拼命地挥舞着双臂打出交易讯号，高声叫嚷，汗水浸湿了他们身上传统的白衣黑裤。他们奇特的手势和动作持续达数小时之久。

第二个影像是马塞的妇女，她们肩并着肩，相互推挤，舞着手臂，抬高声调，边扭边唱。汗水从她们的脸庞流下，浸湿了艳丽的传统服饰和缀着珠子的头带；她们奇特的手势和动作，也持续达数小时之久。

这两种手势和动作很相似，两种仪式也都符合当地的社会文化，马塞妇女的舞蹈一如华尔街股市经纪人的"舞蹈"，对他们的社会同样举足轻重。常被西方文化视为奇特甚至原始的马塞妇女，用歌舞和种种仪式，来歌颂她们的空间感和她们在环境中所扮演的角色。另一方面，股票经纪人则用他们仪式般的姿态和呐喊，来展示他们对金钱的执著和崇拜。虽然两种文化都很重要，但也都必须向对方的文化学习，以持久而有意义的方式来歌颂各自的文化。

庄子与惠子游于濠梁之上。庄子曰："儵鱼出游从容，是鱼乐也。"惠子曰："子非鱼，安知鱼之乐？"庄子曰："子非我，安知我不知鱼之乐？"惠子曰："我非子，固不知子矣；子固非鱼也，子之不知鱼之乐，全矣。"庄子曰："请循其本。子曰'汝安知鱼乐'云者，既已知吾知而问我，我知之濠上也。"

欢乐具有个人色彩，往往因人而异。或许你周末下午到河滨垂钓，感到无穷的乐趣，但其他人做同样的活动，却觉得不安、焦虑、不适。因此你必须为自己寻求，并且为自己定义什么是欢乐。它存在于你的心中，而非其他人的心里。避开你所厌恶的，接纳可以接受的，并且爱你所爱的，以自己的方式为欢乐下定义。

人生箴言

欢乐是凭借我们的眼睛和心灵去发现的，找到了你的欢乐，就等于找到了一笔属于你的永久的财富。学会自得其乐就是学会了生活。

爱拼才会赢

有句歌词说得好："三分天注定，七分靠打拼，爱拼才会赢。"没有人生来就是成功者，改变命运要靠自己去奋斗、去打拼。

有一位姓王的朋友，坚信爱拼才会赢，通过不懈的拼搏，改变了自己的命运，从一名搬运工成为上海一所名校的博士生。

小王出生在一个贫穷的农家，靠寒暑假自己卖菜挣学费才读完了高中，并考上了某师专历史专业。谁知这所师专连英语课都不开设，教师还十分鄙夷地对这些农村学生说："你们一生也就只能读这个大专了！"小王听后不服气地想：以后，我一定要考上研究生，让你们瞧瞧！

1995年毕业后，小王被分到家乡最偏远且全是当地民办教师任教的一所小学，环境很艰苦，工资还常常拖欠……然而，即便是在这样的环境中教书，也不能长久。

1996年，当地集资建工厂，规定每个事业单位的人都要缴纳

4000元，不缴纳者停发工资、自动离职。小王每月才315元工资，还经常欠薪，哪有能力缴纳这么多钱啊！万般无奈，他只有停薪留职，到深圳去打工。

到深圳后，他应聘到一家港资公司当仓库管理员，上班后才发现，实际上就是搬运工。工友们知道他是大专毕业生后，不屑地说："你读了大学又有什么用？还不是和我们一样？工资还不如我们多呢！"还有人说："深圳街头到处有制作假文凭的广告，你的大专文凭该不会也是假的吧？不然怎么会……"这大大地伤了小王的自尊心。小王在心里发誓：我要发奋考上硕士生，甚至博士，改变自己的命运！

然而，只读过专科的小王干着最劳累的搬运活儿，要在短时间内自学完本科课程、考上研究生，是多么艰难啊！

幸运的是，深圳图书馆距离公司不远，不需要任何证件就可以在里面看书！这令小王欣喜若狂。从此，每天下午5点下了班，他就匆匆吃完快餐，然后急匆匆地跑到图书馆看书。周六和周日，如果不加班，就从早上9点图书馆开门一直看到晚上9点关门，中午只是吃块面包，晚上的那一餐干脆就省了。

1997年1月，小王鼓足勇气参加了研究生考试。然而，由于复习的时间太短，基础太差，第一次考研，他惨败而归。那段时间，他问自己：我是不是自不量力？难道还继续这样绷紧了弦，一边当搬运工，一边复习考研？想想自己经历的所有委屈，他横下了一条心：不拼不搏，哪能改变命运？考！一年不行，第二年再考，直到成功！

在他心理上最脆弱的时刻，工友们得知了他在考研的秘密，都对他刮目相看，并开始处处有意识地帮助他。大家轮流替他加班，

遇见内心强大的自己

甚至在他因为过于劳累而出现疏忽时，也帮他承担责任。这就更坚定了他的决心，让他学习更有劲头了。1998年，他终于以超过录取线53分的好成绩被河北大学录取为硕士研究生了！

此后，他又一鼓作气，研究生毕业后，顺利考上了上海某名牌大学的博士生。

现在，小王是某大学的教授，当一些学生想考研却又因一时的困难而畏惧时，小王就毫不隐瞒地讲述他的经历，激励他们说："你还没有尝试，怎么就给自己下结论呢？我是个搬运工，我都考上了，你们为何就不行？爱拼才会赢，唱唱那首歌吧！"

人生能有几回搏！如果人生是棵苍茂的大树，那么拼搏就是深扎于大地的树根；如果人生是一只飞翔的海鸟，拼搏就是扇动着的翅膀。在人生充满艰辛的航程上，拼搏就是高挂的风帆：有了帆，船才可以激流勇进；有了帆，船才可能乘风破浪！

人生箴言

人生是一场较量，较的是斗志，量的是坚持。只有爱拼才会赢。

离成功就差一步

你有没有过这样的经历：你很努力，觉得自己使上了所有的劲，但事与愿违，就是不被人理解；你得不到提升，面临种种障碍，每次都好像离成功只有一步之遥，但每次都会在那一步前遇到一堵厚厚的墙；你几乎绝望了，几乎就要放弃了，或者你已经放弃了。

许多人看到别人的成功后，会感叹：当初我离成功就差一步了，可惜没有往前走下去。否则我也和他一样成功了。只因为这一步的区别，别人成功了，你却没有。但世上没有卖后悔药的，只有吸取教训，以后不要在离成功只有一步时止住脚步，多走一步，你就会迎来成功。

记得有一幅《打井》的漫画，有个人打了一口又一口井，却总是没有水。为什么呢？因为他每打一口井，打一会儿，不见水，就抱怨没有水，放弃了，又重新去打。事实上，每口井只要再往下打一点，就有水了。像他这样打井，是永远也打不出水来的。可见，很快放弃是成功路上的绊脚石。

索兰诺和两个朋友在委内瑞拉小城寻找钻石的故事也许会对我们有些启发。在他们寻宝的过程中，头几个月是最困难的。由于整日捡石头、洗石头，所以他们当时已经累弯了腰，却仍然没有发现一点希望。他们衣衫褴褛，手掌上全是老茧。索兰诺备受打击，身心疲惫，坐在干涸河床中的一块大石头上，对两个伙伴宣布："我受不了了！再干下去也没什么用。看到这些鹅卵石了吗？我已经捡到999999颗了，还没找到一颗钻石，再捡一颗就是100万了，又有什么用？我不干了！"另一个人阴沉着脸说："再捡一块吧，凑成100万吧。""好吧，"索兰诺说着，弯下腰，抓了一把小石头，从中挑出了一块，居然有鸡蛋那么大。"喏，给你，"他说着，"最后一块。"可是他觉得这块石头太沉太沉了，就又看了一眼。"天呐，竟然是块钻石！"他叫了起来。这块钻石以200万美元的价格被纽约一位珠宝商收购，并被取名为"自由者"，是迄今世界上发现的最大最纯的一块钻石。

此后，索兰诺不管做什么，遇到困难时都不再轻易放弃，因为他知道再走一步就会成功。

一位富有经验的老猎手说："狩猎中一半以上的失败都是马在飞奔疾驰时拉住了马的缰绳。"这通常不是由于出发时的错误，而是停滞不前的错误，最后产生了成功和失败的区别。我们刚刚昂首阔步地向前就选择放弃，是太愚蠢的行为；我们落后时放弃，则更加可悲。我们需要一点意志力坚持下去，我们需要智慧去了解成功，而不是靠运气去侥幸成功。我们要征服失败，而不是半途而废。

一位企业家成功之前，只是个苦孩子。他发明了节能灯。在找到愿意投资的投资商后，他突然患上胆囊炎，于是外界风传他患上绝症将不久于人世，投资商为此也开始动摇。但他在手术前夕穿戴整齐，坚持与投资商会面，腹如刀绞却谈笑风生，并赢得了投资商的信任。签约后，他摁下电梯开关就瘫倒在地并被等候在门口的医护人员直接送进了手术室。他在给下属讲这个故事时说："当时我只有一个念头——再坚持一会儿，就成功了。"

人生箴言

当你要放弃的时候，其实离成功只有一步之遥了。关键时刻再坚持一下，你就能拿到开启成功之门的钥匙。

只坐一把椅子

帕瓦罗蒂是世界歌坛上的超级巨星，当有人向他讨教成功的秘诀时，他每次都提到自己问过父亲的一句话。从师范学院毕业之际，痴迷音乐的帕瓦罗蒂问父亲："我是去当教师呢，还是去做个歌唱家？"父亲沉思了片刻回答道："如果你想坐在两把椅子上，有可能会从两把椅子中间掉下去。生活要求你必须有选择地坐到一把椅子上去。"帕瓦罗蒂为自己选择了一把椅子——歌唱。

经过了7年的失败与努力，帕瓦罗蒂才首次登台演出；又过了7年，他终于登上了大都会歌剧院的大雅之堂。

如果帕瓦罗蒂想做教师，或做一个音乐教师，既达到教书育人的目的，又能实现他酷爱音乐的心愿，应该说这样的选择也不错。这正好和多数人的择己心态和择业思维相吻合，属于顺向思维。但帕瓦罗蒂的父亲却告诉他不能同时坐"两把椅子"，只能选择其中一把，帕瓦罗蒂毫不犹豫地选择了音乐。正是父亲的逆向思维，才造就了这位世界歌坛的巨星。

在人的一生中，往往会面临着诸多的选择，但人生苦短，又能给我们每个人多少犹豫彷徨的时间？只选一把椅子，帕瓦罗蒂父亲的比喻多么形象而生动！

当我们还是孩子的时候，大人就告诫我们：不要这山望着那山高；不要脚踩两只船；更不要像寓言故事里钓鱼的小猫——看见蝴蝶就去抓蝴蝶、看见蜻蜓去抓蜻蜓，结果，什么都没有抓到，鱼也没有钓到。

古人云："君子有所为，有所不为。"这就是说，目标只能确定一个，这样才会凝聚起人生的全部合力，集中力量将其攻下。这种理念，与其说是一种严肃的哲学思考，倒不如说是人们为了生存和发展而形成的一种本能的自我优化。

"只坐一把椅子"，意味着在选准全力以赴的事业时，也选择了一种生活，就像贝多芬与音乐、柏拉图与哲学、毕加索与绘画、司马迁与史学、陈景润与数学、袁隆平与水稻……他们所选定的唯一一把人生坐椅，决定了各自的人生轨迹及在后世的声誉。

然而，在现实生活中有的人却难有自知之明，不甘心只坐一把椅子，即使是一些伟人，也会犯类似的错误。巴尔扎克曾不顾家人的阻挠，立志从事文学创作，然而屡遭失败。为了维持在巴黎的生活，他投笔从商，又是当出版家，又是开印刷厂，但不管他是如何地努力，等待他的还是失败，并且背上了巨大的债务。在多方面的压力下，他不得不隐姓埋名躲藏起来。在经历失败之后，巴尔扎克重新专心于写作并获得了成功。

一旦选准了努力的方向，就要像攻击堡垒的士兵那样集中力量、勇往直前。

不要放弃自己

人生路上，我们会无数次遭受到困难、失败和挫折，有时我们甚至会觉得自己似乎一文不值。但请记住，无论发生什么，或将要发生什么，你依然是无价之宝。生命的价值不因为你的贫穷、你的失败而贬值，也不仰仗你有钱有权而升值。请记住，永远不要放弃，因为你是一个人！

乌比·戈德堡就是一个永不放弃自己的人。她是一个在纽约曼哈顿贫民区长大的野孩子，长得难看，甚至可以说丑陋。她从来没有接受过任何正式的高等教育，只是看过不少好莱坞经典作品，并幻想有朝一日能像电影里那些大明星一样出入上流社交场合，谈吐幽默、举止高雅。最初的她满口粗话，平庸粗俗，而她当时的工作是为尸体整容。所以，当她对别人说她要拍电影时，得到的总是嘲讽。

但她没有放弃。她想方设法参加各种团体表演。在舞台上，她的智慧和快乐的天性迸发了出来，出色得耀眼。但是，由于面貌丑陋和演艺圈对黑人的歧视，乌比并未受到重用。她鼓励自己，如果想让别人不放弃你，你首先不能放弃你自己。

在伯格导演的影片《紫色》中，她成功地扮演了一位受丈夫虐待而苦苦地在命运的泥潭中挣扎的女奴布热。这是她的第一部影片，她因这部影片获得了美国电影金球奖最佳女演员奖和奥斯卡最佳女主角奖提名。

1990 年，她在影片《人鬼情未了》中成功饰演了一位善良诙谐的黑人女巫师，从而获得了奥斯卡最佳女配角奖。此后由她主演的《修女也疯狂》更是令观众如痴如醉，影片创下了当年的夏季票房之最，总额超过了 1 亿美元。

如今她是美国最受欢迎的演员之一。除了演电影，她还在世界各地举办个人演出晚会、灌制唱片。所有人都说："这简直是个奇迹。"是的，这就是她不放弃自己的奇迹。

在漫长的人生旅途中，尽管新朋故友可以不断地陪伴我们，但绝无一人能够陪伴我们走到终点，所有的路都必须依靠自己去走，用自己的双腿。因此无论遇到什么挫折，都不要放弃自己，我们要珍惜自己、爱护自己。

一名刚毕业的大学毕业生，怀着远大的理想与抱负，踏入这个熟悉而陌生的社会，开始自己新的人生旅途。

他精心制作了若干份简历，提着一个黑色的公文包，开始经常出没在人山人海的人才市场。在这里，他看到的是美好的明天，是希望的开始。

他带着惊喜与兴奋，迫不及待地将简历投了一份又一份，然后抱着美好的憧憬等待着消息。

一次次的面试，带给他的不再仅仅是热切的期待，还有一种莫名其妙的畏惧，但最终的结果还是一无所获，转眼间1个月过去了，他依然还是奔波在人才市场之中。

随着一次次的失落，他眼里的一切不再光彩夺目，而是暗淡无光。他开始无精打采，埋怨上天对他不公平，埋怨自己的学历太低，埋怨自己的能力太差，埋怨自己的家境不好，埋怨别人不给他机会。

到最后，他丧失了勇气，往往还没有面试，失败的阴影就像乌云一样早早地笼罩在他的上空。他对自己彻底地放弃了。

竞争是残酷的，但你必须要面对！不应将失败当作自己无能的标志，而应该当成一种阅历，磨炼你的意志。只要不放弃自己，就会有机会。

一个女大学生整整经历了98次的失败才迎来第99次求职的成功。一个本科毕业生应聘到一个酒店做门童，他坦然地说："在工作一时还难以找到的情况下，这份职业至少可以暂时度过我的生活危机，而且它毕竟能锻炼我，丰富我的人生经历。我现在做门童并不表示我一生都会停留在这个位置上，我会再留意别的岗位，再说了，我做门童一样有机会表现自己，或许今天是门童，明天就会有可能做经理！"

310

人生箴言

人的生活不全是一帆风顺的，一时的失意并不等于永远的失败。只要你不放弃自己，成功就不会抛弃你。

在悲苦中成长

一群佛门弟子要去朝圣。师父拿出一个苦瓜，对弟子们说："你们随身带着这个苦瓜，记得把它在每一条你们经过的圣河里浸泡，并且把它带进你们所朝拜的圣殿，放在圣桌上供养并朝拜它。"

弟子朝圣时，走过许多圣河和圣殿，都依照师父的指示做了。

回来以后，他们把苦瓜交给师父。师父叫他们把苦瓜煮熟，当作晚餐。

晚餐的时候，师父吃了一口，然后语重心长地说："奇怪呀，泡过这么多圣水，进了这么多的圣殿，这个苦瓜竟然没甜。"

弟子听了，当下顿悟。

苦是苦瓜的本质，不会因为圣水、圣殿而变。人生的苦难何尝不是如此，不会因你得到什么地位、获得什么学位，或是拜了某个神而改变。

我们活着，不要期待人生完全没有苦难，更不要抱怨苦难，而要期待自己能从苦难中成长、感悟，那么苦难就不再是苦难了。

磨难是人生最好的老师，许多有成就的人都是在苦难中成长起来的。作家简·奥斯汀出生在一个贫困的家庭，父亲是一个普普通通的神职人员，母亲虽出身名门，但在简出生时家道已经中落。简是家中的第七个孩子，年幼的简生活在一个贫困但幸福的家庭里。她没有受过高等教育，但爱好读书，有读不完的书是她最大的满足。简从爱读书到动手写作，她把所有时间乃至青春都用来写作了。她一生曾经历三个男人的爱情，但最终都是以失败告终。可以说，她几乎没有真正遇到她的至爱。在那个女人以婚姻来做交易的生活环境中，她以一个乡间女子少有的敏锐洞察社会，在42年的生命旅程中，她写出了《傲慢与偏见》《理智与情感》等震惊世界文坛的著作。

"自古雄才多磨难，从来纨绔少伟男。"太舒适、太优裕的条件，反而会让人在养尊处优中消磨意志，失去进取的热情和勇气。

诗人歌德曾经给黑格尔的儿子题过一首诗，诗中写道："愿尔历世途，相逢尽青睐。"可事与愿违，小黑格尔一生遭遇坎坷，而恰恰是这些坎坷丰富了他的人生，使他在哲学上有闪光的见地。华罗庚则是在贫病交困的青年时期，发愤攻读数学，成为后来著名的数学专家。保尔·柯察金更是在艰难困苦中百炼成钢，成为一个时代的榜样。正是环境激发了他们创造和奋发的动力。

既然我们无法避免苦难，就要学会勇敢面对。当苦难来临的时候，请仰望苍天，你会发现，这世界不曾因某个人而改变：星星还是那个星星，月亮还是那个月亮；太阳的光辉依然普照着大地，那明媚的阳光照耀着幸福的人，也照耀着不幸的人；降下的雨落在好人身上，也落在恶人身上……面对苦难，我们应心存感激，应暗自庆幸——我们还活着！活着就有希望！

人生箴言

　　面对苦难，要像吃苦瓜一样，不要去抱怨苦瓜的苦，不要去奢望苦瓜会变甜，而要去了解并超越苦，品尝出苦涩之后的甜。

做就做到最好

许多年前，一个妙龄少女来到东京帝国酒店当服务员。这是她涉世之初的第一份工作，也就是说她将从这里正式步入社会，迈出她人生的第一步。因此她很激动，暗下决心：一定要好好干！但让她没想到的是上司安排她洗厕所！

洗厕所！说实话这是个没人爱干的行当，何况她从未干过粗重的活儿、细皮嫩肉、喜爱洁净的她，干得了吗？洗厕所时在视觉上、嗅觉上以及体力上都会使她难以承受，心理暗示的作用更是使她忍受不了。当她用自己白皙细嫩的手拿着抹布伸向马桶时，胃里立刻翻江倒海，恶心得几乎呕吐却又吐不出来，太难受了。而上司对她的工作质量要求特高，高得骇人：必须把马桶抹洗得光洁如新！

她当然明白"光洁如新"的含义是什么，她当然更知道自己不适应洗厕所这一工作，真的难以实现"光洁如新"这一高标准的质量要求。因此，她陷入困惑、苦恼之中，也哭过鼻子。这时，她面临着这人生第一步怎样走下去的抉择：是继续干下去，还是另谋职业？继续干下去——太难了！另谋职业——知难而退？人生之路岂有退堂鼓可打？她不甘心就这样败下阵来，因为她想起了自己初来时曾下的决心：人生第一步一定要走好，马虎不得。

正在关键时刻，同单位一位前辈及时地出现在她的面前，帮她摆脱了困惑和苦恼，帮她迈出了这人生第一步，更重要的是帮她认清了人生路该如何走。但他并没有用空洞的理论去说教，只是亲自做个样子给她看了一遍。

他一遍遍地擦洗着马桶，直到洗得光洁如新，他的脸上露出灿烂的笑容。他本是个有相当身份的人，但是，并没有把擦马桶当作一件不光彩的工作。实际行动胜过万语千言，他不用一言一语就告诉了她一个极为朴素、极为简单的真理：光洁如新，是办得到的事情。

同时，他送给她一个含蓄的、富有深意的微笑，送给她一束关注的、鼓励的目光。这已经够用了，因为她早已激动得几乎不能自持，从身体到灵魂都在震颤。她目瞪口呆，热泪盈眶，恍然大悟，如梦初醒！她痛下决心："就算一生洗厕所，也要做一名洗厕所最出色的人！"

从此，她成为一个全新的、振奋的人。从此，她的工作质量也达到了那位前辈的高水平。她很漂亮地迈好了人生的第一步，开始了她的不断走向成功的人生历程。

几十年光阴一瞬而过，她由一名普通的百姓升到了政府的主要官员——邮政大臣。她的名字叫野田圣子。

野田圣子坚定不移的人生信念，表现为她强烈的敬业心："就算一生洗厕所，也要做一名将厕所洗得最干净的人。"这就是她成功的奥秘。

不管做什么，要做就尽自己的最大努力做到最好。如果不能成为山顶的一棵劲松，那就做一丛最好的小树成长在山谷中，一样沉浸于欢乐，一样接受风雨考验。如果不能做太阳，就做一颗明亮的星星，黑暗里，以一丝光亮，为迷路者找到回家的路……不管你做什么，失败了再重新站起来，因为要做就做最好的自己！

孟子说："故天将降大任于斯人也，必先苦其心志，劳其筋骨，饿其体肤，空乏其身，行拂乱其所为，所以动心忍性，曾益其所不能。"

苦难对于强者是一块垫脚石，对于弱者则是万丈深渊。人生如一场徒步旅行，苦难是横在你面前的一条条河、一座座山。其实，无论河有多深，无论山有多险，扎实地走好每一步，总能到达成功的彼岸。

人生箴言

条条大路通罗马，即使你不能选择做什么，你还可以选择怎么做。三百六十行，行行出状元，只要努力做到最好，就是成功。

忍耐的价值

痛苦、折磨、困难、险境……几乎每个人在人生的旅途上都要受到命运之神的捉弄，当你不甘心做命运的奴仆而又不能扼住命运的喉咙之时，必须学会忍耐。

1939 年至 1940 年，美国海军的波特少将航行于南极海去探险。在塞兹堡港航行时，波特少将希望他们的船能冲破冰块，驶向别的船只没有到过的地方。可是，他们那艘木制的小船"美国之熊"号被冰块冻住了。

那时船帆已经没有什么作用，以六百匹马力内燃机作为动力的引擎并不能冲破冰块使船只自由前进。

波特少将在那狭小的驾驶室里来回踱步。他说："在南极海里航行，你一定要忍耐。等着，且静待风向转变，这样便可以使冰块松动，让我们的船继续前进。"

少将继续说："记住，这道理也可以应用于人生。你觉得一切呈冰冻状态时，不要放弃！要坚持！等待！要坚持自己的意念，环境会转变的，让你继续前进。"

他们的船果然冲破了塞兹堡港湾的冰块。

人们碰到恶劣境况，需要等待有利情况出现时，往往会烦躁得坐立不安，但烦躁并不能让事情有所转机，此刻，忍耐是最好的办法。有位探险家在探险过程中，在等待天气转为晴朗、冰块渐渐融化的时间里，曾读了几百本书，有一次遇到险恶的风浪久久不退，他干脆就利用等待的时间写下了在南北极冰洋中的探险经历。这何尝不是另一种收获？

古人云："小不忍则乱大谋。"这句话充分说明了忍耐的重要性。

韩信很小的时候就失去了父母，主要靠钓鱼卖钱维持生活，经常接受一位靠漂洗丝绵度日的老妇人的周济，并屡屡遭到周围人的歧视和冷遇。一次，一群恶少当众羞辱韩信。有一个屠夫对韩信说："你虽然长得又高又大，喜欢带刀佩剑，其实你胆子小得很。有本事的话，你敢用你的剑来刺我吗？如果不敢，就从我的裤裆下钻过去。"韩信自知形只影单，硬拼肯定吃亏。于是，当着许多围观人的面，从那个屠夫的裤裆下钻了过去。韩信后来说："我当时并不是怕他，而是没有道理杀他，如果杀了他，也就不会有今天的我了。"

当年越王勾践被吴国打败后，派人去吴国求和，吴王答应了越国的求和，但是要勾践亲自到吴国去。勾践把国家大事托付给文种，自己带着夫人和范蠡到吴国去。

勾践到了吴国，夫差让他们夫妇俩住在阖闾大坟旁边的一间石屋里，叫勾践给他喂马，范蠡跟着做奴仆的工作。夫差每次坐车出去，勾践就给他拉马，这样过了两年，夫差认为勾践真心归顺了他，就放了勾践回国。

勾践回到越国后，立志报仇雪耻。他唯恐眼前的安逸消磨了志气，就在吃饭的地方挂上一个苦胆，每逢吃饭的时候，就先尝一尝苦味，还经常自问："你忘了会稽的耻辱吗？"他还把席子撤去，用柴草当作褥子。这就是后人传诵的"卧薪尝胆"。

勾践决定要使越国富强起来，他亲自参加耕种，叫他的夫人自己织布，来鼓励生产。因为越国遭到亡国的灾难，人口大大减少，所以他制定出奖励生育的制度。他叫文种管理国家大事，叫范蠡训练人马，自己虚心听从别人的意见，救济贫苦的百姓。全国上下一心，终于一举击败了吴国。

这些故事讲述的道理都是相通的，即为了即将到来的成功，我们要学会忍耐，要能忍气吞声，直至成就大业。

人生箴言

忍耐不是退缩，更不是放弃，而是面对困境时的智慧。

天道酬勤

　　一位青年画家画出来的画总是很难卖出去。他看到大画家阿道夫·门采尔的画很受欢迎，便登门求教。

　　他问门采尔："我画一幅画往往只用一天不到的时间，可为什么卖掉它却要等上整整一年？"门采尔沉思了一下，对他说："请你倒过来试试。"青年人不解地问："倒过来？"门采尔说："对，倒过来！要是你花一年的工夫去画，那么，只要一天工夫就能卖掉它。""一年才画一幅，这有多慢啊！"年轻人惊讶地叫出声来。门采尔严肃地说："对！创作是艰巨的劳动，没有捷径可走的，试试吧，年轻人！"

　　青年画家接受了门采尔的忠告，回去以后，苦练基本功，深入搜集素材，周密构思，用了近一年的工夫画了一幅画，果然，它不到一天就卖掉了。

　　但凡伟大的人，无不或多或少地具有一种名叫"勤奋"的特质。人们的失败，往往不是智商太低或缺乏灵感，而仅仅是因为他不够勤奋。

在美国，有一个人在一年之中的每一天里都几乎做着同一件事：天刚刚放亮，他就伏在打字机前，开始一天的写作。这个人就是国际著名恐怖小说大师斯蒂芬·金。

斯蒂芬·金的经历十分坎坷，他曾经潦倒得连电话费都交不起，电话公司因此掐断了他的电话线。后来，他成了著名的恐怖小说大师，整天稿约不断，常常是一部小说还在他的大脑之中酝酿着，出版社高额的定金就支付给了他。如今，他算是世界级的大富翁了。可是，他的每一天，仍然是在勤奋的创作之中度过的。

一年之中，他只有三天是例外的——不写作。也就是说，他只给自己三天休息时间。这三天是：生日、圣诞节、美国独立日（国庆节）。勤奋给他带来的好处是永不枯竭的灵感。学术大家曾经说过："勤奋出灵感。"上天对那些勤奋的人总是格外青睐的，他会源源不断地给这些人送去灵感。

斯蒂芬·金和一般的作家有点不同。一般的作家在没有灵感的时候就去干别的事情，从不逼着自己硬写。但斯蒂芬·金在没有什么可写的情况下，每天也要坚持写五千字。这是在他早期写作时他的一个老师传授给他的一条经验，他也是坚持这么做的，这使他终身受益。他说，他从没有过没有灵感的恐慌。

天道酬勤，不劳何获？

哪里有超乎常人的精力与工作能力，哪里就有天才。不勤奋，无所得。天才，百分之二是靠灵感，百分之九十八是汗水。天才就是勤奋，人的天赋就像火花，它可以熄灭，也可以燃烧起来；而逼它燃烧成熊熊大火的方法只有一个，就是勤奋，再勤奋。亚历山大·汉密尔顿说："有时候人们觉得我的成功是因为天赋，但据我所知，所谓的天赋不过就是努力工作而已。"

一位哲人说过：世界上能登上金字塔的生物有两种，一种是鹰，一种是蜗牛。不管是天资奇佳的鹰，还是资质平庸的蜗牛，能登上塔尖，极目四望，俯视万里，都离不开两个字——勤奋。

一个人的进取和成才，环境、机遇、学识等外部因素固然重要，但更重要的是依赖于自身的勤奋与努力。缺少勤奋的精神，哪怕是天资奇佳的人也难有大的成就。

俗话说："笨鸟先飞。"意思是要不落后，就要比别人勤奋，就要比别人先行动，现实生活中，有些人自恃天资聪颖，不肯"先飞"、不肯勤奋，而又藐视"笨鸟"，这种思想和行为是极端错误的。

爱迪生就是发扬了"笨鸟先飞"的勤奋精神，才从一个智力平常的孩子成长为大发明家的。但是，天赋好的"灵鸟"也要先飞，否则就有变成"笨鸟"的危险。据某刊载，少年大学生钱某12岁就会微积分，被视为神童。进了某科技大学后，他不参加学校统一安排的高中文化补习班，却只身到图书馆看他的微积分，一个月就声称已学完。平时，学生们去上课，他却在校园里游逛，成绩很快一落千丈。无奈，老师只得让他休学。他休学一年，复学后不久故态复萌，他狂妄地认为在大学里学不到什么，经常拿气枪在校园里"巡猎"。最后学校只得让他退学。退学后当上了油漆工的钱某从此结束了"神童"的生涯。这不正是"灵鸟"变成"笨鸟"的例子吗？

鲁迅先生说："伟大的事业同辛勤的劳动是成正比例的，有一分劳动就有一分收获，日积月累，从少到多，奇迹就会出现。"

遇见内心强大的自己

勤奋会让你的才华绽放无限光彩。勤奋可以弥补智力的不足。如果目标明确、方法得当，勤奋会让你硕果累累。如果不勤奋地工作，你终将一无所获。